pu'er tea

**일러두기**

· 책명, 신문, 꺾쇠'〈〉', 편명 및 장, 칼럼명은 홑꺾쇠'「 」'로 표기하였고, 시 제목, 잡지명은 '〈〉'로 표기하였다, 필요에 따라 인용문은 큰따옴표 (" "), 간접 인용과 강조 표시는 작은따옴표(' ')로 표기하였다.

· 중국 고유명사와 지명 표기에 대해서는 서술자에 따라 여러 의견이 상존한다. 대개 신해혁명(1911년)이나 신중국 출범(1949년)을 기준으로 한글 한자음 표기와 중국 발음 표기로 나눈다. 이 책은 선사시대부터 현재까지 운남에서 일어난 역사적 사건을 추적하는 내용이므로 서술의 일관성과 국내 보이차 애호가의 편의를 위해 한글 표기로 통일하였다.

보이차 애호가라면 알아야할 역사 이야기

# 처음 읽는 보이차 경제사

신정현 지음

처음 읽는
보이차 경제사

**초판 1쇄 인쇄** 2020년 4월 15일
**초판 2쇄 발행** 2020년 6월 6일

**지은이** 신정현

**교정** 정경임
**펴낸이** 김명숙
**펴낸곳** 나무발전소

**주소** 03900 서울시 마포구 독막로 8길 31 서정빌딩 701호
**이메일** tpowerstation@hanmail.net
**전화** 02)333-1967
**팩스** 02)6499-1967

**ISBN** 979-11-86536-68-1 13590

※ 책값은 뒷표지에 있습니다.

차의 길로 인도해주신

어머니 황엽 여사께 이 책을 바칩니다.

# 당신을 위한 보이차 역사 이야기

　보이차는 흙수저 출신이다. 고향은 옛날에 중국 사람들이 '야만한 땅'이라고 낮잡아 불렀던 운남성, 지구상에서 가장 먼저 차나무가 자란 곳이다. 빙하기도 견뎌냈던 이곳의 차나무들은 키가 크고 맛이 강하고 쓰고 떫다. 이런 차나무 잎으로 만든 차는 녹차나 홍차처럼 향기롭지도 상큼하지도 않다. 게다가 예전에는 가공기술도 떨어져서 차 좀 안다는 사람들이 '차에서 풀비린내가 난다. 물 마시는 것보다 조금 낫다'며 형편없는 차 취급을 했다. 그랬던 것이 청나라 때에는 황실의 최고 인기 아이템이 됐다.

　황제가 보이차가 좋다고 직접 시를 쓰고 영국에서 건너온 사신에게 많은 양의 보이차를 선물하기도 했다. 비단 치마를 입은 꽃 같은 아가씨들도 항아리에 흰 눈을 담아두었다가 다음해 그 눈 녹은 물로 보이차를 끓였다. (《홍루몽》에 나오는 이야기다. 얼마나 낭만적인지, 대기오염이 아니라면 한번쯤 해보고 싶은 일이다.)

황제와 외국 사신과 귀족 아가씨들 같은 상류층 사람들만 보이차를 즐긴 것은 아니었다. 상류층은 어린잎으로 만든 고급 보이차를 마셨고, 형편이 안 좋은 사람들은 거친 잎으로 만든 차를 마셨다. 보이차는 국경 너머 티베트에도 갔다. 티베트 사람들은 '식량 없이 3일은 살아도 차 없이는 못 산다'며 블랙홀처럼 보이차를 빨아들였다. 이어 홍콩에도 갔는데 거기서는 홍콩 사람의 영혼의 식품이 되었다. 홍콩 사람들은 아침에 일어나면 이만 닦고 차루(茶樓)에 가서 딤섬에 곁들여 보이차를 마셨다. 외국에 사는 한국 사람이 김치에 향수를 느끼듯 홍콩 사람들은 보이차에 향수를 느낀다고 한다.

보이차는 왜 이렇게 성공했을까? 그 요소를 두 가지로 압축해 볼 수 있겠다. 첫째는 구매력 좋은 고객 덕분이다. 티베트 사람들은 언제나 차에 목말라 했다. 그들이 차를 좋아한 것은 고상하고 우아한 취향 때문이 아니었다. 유목 생활 탓에 육식만 하는 티베트 사람들이 늘 시달리던 육체적인 고통을 해결해 준 것이 바로 차였다. 그들은 살기 위해서 차를 마셨다. 중국 내지와 홍콩의 수요도 대단했다. 보이차는 만드는 대로 다 팔리는, 공급이 수요를 못 따라가는 차였다.

둘째는 보이차 산업에 종사한 사람들 덕분이다. 그들은 원료를 수매해서 보이차를 만들고 완성된 차를 소비지까지 운송했다. 그런 개인 사업체를 차장(茶莊)이라고 했는데, 차장은 청나라 말부터 중화민국 시기에 보이차 산업을 주도한 핵심 세력이었다. 그들은 좋은 원료로 고급 보이차를 만들어 중국 내지에 공급하고, 그보다 못한 원료로 만든 차는 홍콩에 보내고, 너무 거칠어서 골라낸 큰 잎과 두꺼운 줄기로 만든 차는 티베트에 보냈다. 영리하게도 여러 지역 소비자들의 기호를 파악하고 그에 딱 맞는 차를 만들어 팔았다. 그들은 보이차 사업으로 대단한 부를 이루었다. 말하자면 변방의 이름 없는 보이차를 세계 시장으로 끌어낸 것은 보이차 산업에 종사하는 사람들, 더 정확하게 말하면 그들이 추구했던 수익성이었다. 수익성이 좋은 사업은 정부의 부양책, 활성화 정책 같은 것 없이도 알아서 펄펄 날며 성장한다. 그러나 보이차를 성장시켰던 그 수익성은 어떤 면에서는 독으로도 작용했다.

1970년대 중반 이후 운남의 보이차 산업은 주로 홍콩 시장에 기대어 유지되고 있었다. 홍콩 사람들은 여전히 보이차를 날마다 마셨다. 150년간 홍콩에서 보이차는 흔한 생활차로 자리 잡았다. 그러나 운남에서 바로 온 차는 홍콩 사람들에게 맛이 너무 강했다. 그래서 홍콩의 차 수입상들은 홍콩 사람들의 입맛에 맞춘 차로 재가공했다. 재가공 방법은 차를 창고에 10년 이상 보관해서 익히거나, 아예 운남에서 차를 만들 때 미리 발효를 시켜서 쓰고 떫고 강한 맛을 다 없애버리는 것이다. 첫 번째 방법으로 차를 처리하려면 시간이 오래 걸리고 창고비와 인건비 등 비용이 많이 발생했다. 그러나 그렇게 만들어야 생기가 있고 진향이 좋은 차가 되었다. 두 번째 방법으로 처리한 차는 가격이 저렴하고 쓰고 떫지 않고 달고 순했지만 그것만으로는 홍콩 사람들이 원하는 맛이 나지 않았다. 홍콩 상인들은 이 두 가지 차를 적당한 비율로 섞어서 시중에 공급했다.

이 평온하고 안정된 시장에 새로운 변수가 등장했다. 대만 사람들이었다. 그들은 보이차의 한 가지 독특한 특징에 주목했다. 오래되어도 마실 수 있을 뿐만 아니라 심지어 오래될수록 가격이 올라가는 점이었다. 그들은 보이차에 '마시는 골동품'이라는 별명을 붙이고 문화의 옷을 입혔다. 소비자들의 이목을 끄는 데 성공하자 오래된 보이차는 점점 줄어들었고 가격이 점점 높아졌다.

문제는 이제부터 시작된다. 그동안은 수익성이 보이차 산업이 성장하기 좋은 요인으로 작용했지만 이때부터는 오로지 수익성만 추구하는 인간의 욕망이 보이차 시장을 어지럽히고 혼란하게 만들었다. 그들은 오래된 차를 비싸게 팔았고, 오래된 차가 없으면 오래된 차처럼 보이게 작업을 했다. 그리고 이 문제는 오늘날까지 우리에게도 영향을 미친다. 보이차 애호가들은 1970년대, 1980년대 차를 갖고 싶어 한다. 그러나 시중에 나와 있는 이런 차들 중에 일부는 진품이고 일부는 진품이 아니다. 어떤 차가 진품이고 어떤 차가 진품이 아닌지 단번에 알아보기는 힘들다. (만약 구분하기 쉽다면 진품이 아닌 차를 만들어 재미를 보는 사람들도 없을 것이다.)

이럴 때 보이차의 역사를 공부하면 약간은 도움이 된다. 예를 들어보면, 어떤 분이 1960년대 양빙호 차장의 병차를 잔뜩 샀다고 했다. 퇴직 후를 위해 무리해서 큰돈을 투자해 놓고 기다리는 중이라고 덧붙였다. 그러나 1960년대 양빙호 차장은 없다. 1949년 신중국을 세운 공산당은 사유재산을 인정하지 않았다. 모든 사유재산은 중국 당국에서 국유화했고, 개인 사업체는 국영회사로 흡수됐다. 1960년대에는 양빙호 차장뿐 아니라 그 어떤 개인 사업체도 존재하지 않았다. (그러면 그분이 퇴직 후를 대비해서 구입한 1960년대 양빙호의 정체는 무엇일까?) 이런 사정을 그분이 알았다면 큰돈을 잃지 않았을 것이다.

근현대 중국의 사정은 우리나라에는 잘 알려져 있지 않다. 보이차 애호가들을 현혹하는 차들 중에 이 시기 중국의 역사를 공부하면 컷오프 될 것들이 많다. 이 책의 뒷부분에는 이런 내용이 일부 실려 있다. 보이차의 어두운 면 때문에 '에구구' 한탄을 하는 분께 어느 정도 도움이 될지도 모르겠다. 그러나 이 책의 목적이 오직 보이차의 배경이 되는 역사를 배워서 진품과 진품 아닌 차를 구별해 내자는 것은 아니다. 그것은 부수적인 것이다.

이 책의 진짜 목적은 보이차와 보이차가 떠났던 모험에 가득 찬 여행을 이야기하려는 것이다. 처음에 보이차는 가난한 집에 태어난 소년 같았다. 조금 자라 고향을 떠났고 멀고 낯선 세계를 주유하며 어른이 되고 인생을 배웠다. 그리고 서리가 내린 머리와 완숙한 얼굴로 고향으로 돌아왔다. 우리는 보이차의 그 여정을 따라가 볼 것이다.

중국 제일 끄트머리 변방에서 태어나 이름 없이 살다가(1장-보이차의 시작), 청나라 때 억울하게 죽은 차산 사람들의 피를 뒤집어쓰고 역사의 무대에 오른다. 이때부터 보이차는 더이상 무명의 차로 조용히 살지 못했다. 북경에서는 황제와 귀족들의 총애를 받았고, 거친 산과 포효하는 강을 건너 춥고 숨찬 티베트에서도 환영을 받는다. 홍콩에도 전해진다. 어디를 가든 환영받았고 인기를 끌었다(2장-보이차 역사의 무대로).

청나라가 망한 후에도 보이차는 맹활약을 했다. 티베트행 신루트가 개발되어 폭발적인 수요에 부응할 수 있게 되었다. 수요는 산업을 이끌었고 많은 사람들이 차산으로 몰려들었다. 이 시기에 눈에 띄는 사람들이 있다. 보이차 사업으로 큰돈을 벌어 지역사회에 환원한 사람들, 위기에 처한 나라를 구하기 위해 차를 다시 일으키려는 사람들, 일본군의 전투기가 폭격을 하는 중에도 공장을 세우기 위해 애썼던 사람들이다. 그들의 이야기를 보고 있노라면 가슴에 뜨거운 것이 울컥 올라온다(3장-맹해차의 전성시대).

일본과의 전쟁이 끝나고 국민당과 공산당의 내전도 끝난 후 신중국이 들어섰다. 신중국은 중국 역사에서 한 번도 존재하지 않았던 전혀 새로운 형태의 사회체제를 구축했다. 우리나라 사람들이 잘 모르는 시기이기도 하다. 사유재산을 인정하지 않았고 과거에 차장을 운영했던 사람들을 자본가라 하여 핍박했다. 이 시기 운남에서는 보이차를 거의 만들지 않았고 보이차의 원료만 생산해서 광동성을 거쳐 홍콩으로 보냈다. 홍콩 사람들은 운남에서 온 보이차 원료를 자기들 입맛에 맞는 스타일로 재가공했다. 이 새로운 스타일의 보이차를 만드는 비법은 나중에 광동성에 전해졌고, 다시 운남성으로 갔다. 오늘날 우리가 숙차라고 부르는 보이차를 만드는 방법이다(4장-신중국과 보이차).

1990년대 들어 보이차는 롤러코스터를 탄 것처럼 출렁거렸다. 보이차를 투기 수단으로 여긴 자본이 유입되면서 고점까지 올라갔다가 한순간 천길 아래로 떨어졌다. 보이차와 함께 롤러코스터를 타고 올라갔다가 미처 빠져나가지 못했던 사람들이 비명을 지르고 괴로워했다. 이를 지켜보던 사람들은 이제 보이차는 끝났다며 애도를 표했다. 그러나 보이차는 다시 추스르고 일어났다. 그리고 묵묵히 자기 앞의 길을 걸어가고 있다(5장-보이차의 화려한 귀환).

이상이 이 책에 담은 내용이다. 피와 땀과 눈물과 여러 복잡한 감정이 얽혀 있지만, 한편으로는 정말 재미있고 흥미진진한 여행이다. 부디 당신도 이 여행을 재미있게 즐겼으면 좋겠다.

보이차에 관한 전작 〈보이차의 매혹〉이 세상에 나온 지 10년이라는 세월이 지났다. 10년이 지나도록 두 번째 책을 쓰지 못한 것은 자료가 부족했기 때문이라고 핑계를 대본다. 그나마 있는 자료 중에 잘못된 정보도 많이 섞여 있어 참과 거짓을 구별하는 것도 매우 힘들었다. 사정이 그렇다 보니 넓은 벌판에서 이삭을 줍는 심정으로 책 한 권, 논문 한 편씩 차곡차곡 읽으며 자료를 수집했다. 그렇게 10년간 허우적거리며 겨우 〈처음 읽는 보이차 경제사〉를 썼다.

〈보이차의 매혹〉에서 보이차가 운남에서 일어나 홍콩까지 간 사정을 살펴보았다면 〈처음 읽는 보이차 경제사〉에서는 홍콩으로 간 보이차가 어떤 부침을 겪었는지를 살피는 데 집중했다. 그리고 보니 운남을 떠난 보이차가 홍콩, 광동을 건너 다시 운남으로 돌아오고, 또다시 중국 내지와 한국 등지까지 퍼져나간 길고도 긴 지도가 그려졌다. 보이차의 여정을 따라가는 것이 몹시 숨차고 힘든데다 마음은 앞서는데 머리는 둔하고 육체는 게을러 중간중간 구멍이 많이 뚫린 지도밖에 그리지 못한 점 여러분께 미리 양해를 구한다.

인상깊게 본 중국 영화에 이런 대사가 있었다. '인생은 차와 같아서 잠깐은 쓰지만 영원히 쓰지는 않다.' 이 말이 참 멋지다고 생각했다. 그래서 이 말을 빌어 당신께 이렇게 말하고 싶다. "당신의 일생이 회감 가득한 날들로 가득 차기를 기원합니다."

2020년 3월
죽로재에서
신정현 절

 CONTENTS

# 보이차, 역사의 무대로

## 맹해차의 전성시대

# 신중국과 보이차

# 보이차의 화려한 귀환

차나무의 원산지 운남,
인류 최초로 차를 마신 사람들

# 보이차의 시작

PU'ER
TEA

운남은 차나무의 원산지로 알려져 있다. 아주 까마득한 옛날부터 차나무는 운남 땅에 살았다. 인류가 지구에 등장한 것보다 훨씬 전의 일이다. 그런 차나무를 운남 사람들이 집에 가져다 심고 간단한 방법으로 가공해서 차로 마신 역사가 오래되었다. 처음에는 보이차라는 이름도 없었다. 그저 운남에서 만든 차였다. 이후 보이차라는 이름이 생기고, 보이차를 마시는 사람이 늘어나는 과정을 알아보자.

## 차나무의 후손들이 사는 땅, 운남

PU'ER
TEA

차나무는 인류보다 훨씬 오래전에 지구에 등장했다. 그리고 빙하기에도 피해가 적었던 운남에서 잘 살아남았다. 운남성 원시림에는 아직도 그런 고래의 차나무들이 살고 있다. 운남 사람들은 먼 옛날부터 차를 마셨다. 그들에게 차는 단순한 음료가 아니다. 차나무를 존경하고 숭상했고 심지어 자신들이 차나무의 후예라고 생각하는 사람들도 있다. 운남에 사는 소수민족* 덕앙족(德昂族)의 창세신화 주인공은 차다. 그들은 차가 만물을 만들고, 인간을 낳고, 홍수와 악마로부터 세상을 구했다고 믿고 있다. 그들의 이야기를 들어보자.

* 중국은 다민족 국가다. 가장 인구가 많은 민족은 한족(漢族)이고 그외 55개의 소수민족이 있다. 운남에는 25개의 소수민족과 한족이 살고 있다. 운남은 중국의 여러 성 가운데 소수민족이 많은 편이다. 이들 소수민족은 고유의 언어와 풍습을 갖고 생활한다.

옛날, 차나무 요정이 천하를 둘러보니, 하늘은 아름다운데 땅은 흑암에 싸여 쓸쓸하기 짝이 없었다. 요정은 365년 동안 그 이유를 생각했지만 답을 얻지 못했다. 그래서 지혜의 신에게 말했다.

"하늘은 아름다운데 땅은 어둡고 도처에 재난이 가득하니 내가 내려가서 땅을 푸르게 만들고 싶어요. 설령 다시는 하늘로 돌아오지 못하고 고통 속에 살아도 좋아요."

신이 말했다.

"땅에는 1만 1개의 얼음 강이 흐르고, 1만 1개의 큰 산이 있고, 1만 1마리의 요괴가 살고, 1만 1가지 재난이 기다리고 있어 하늘같이 편하고 즐겁지 않단다."

그러나 요정은 여전히 땅으로 내려가기를 원했다. 마침내 신이 이를 허락하자 순식간에 돌풍이 불어 하늘과 땅이 흔들렸다. 차나무의 몸이 102개의 잎으로 찢어져 땅에 떨어졌다. 하늘에서는 우레가 진동하고, 땅 위에 모래와 돌이 날렸다. 102개의 찻잎은 51명의 총각과 51명의 처녀가 되었다.

땅에 붉고 희고 검고 노란 요괴가 나타나 모든 생명을 괴롭히자 찻잎의 요정들이 요괴와 싸웠다. 9만 년의 전쟁 끝에 찻잎의 요정들이 이겼다. 찻잎이 자기 살을 잘라내 잘게 부수어 땅에 뿌리니 나무와 꽃과 풀이 되었다. 찻잎은 예쁜 색을 꽃에게 주고 자신은 평범한 색을 가졌다.

이처럼 웅장하고 아름다운 대서사시라니! 이 시를 읽을 때마다 인구도 적고 글도 없는 소수민족이 이렇게 멋진 창세신화를 갖고 있다는 것에 놀란다. 오늘날에도 덕앙족이 사는 곳은 어디든 차나무를 찾아볼 수 있다. 그들은 거주지를 옮기면 제일 먼저 차나무를 심었다. 차는 그들의 조상이자 신이고 생명이자 영혼이기 때문이다.

덕앙족뿐 아니라 운남에 거주하는 25개 소수민족과 차에 관련된 이야기는 상당히 많다. 그들은 차를 잘 가꾸고 언제 어디서든 차를 즐긴다.

포랑족 여성들이 차를 덖고 유념하고 있다.

포랑족 여성이 차를 따고 있다.

애니족 소년이 높은 나무에 올라 차를 따고 있다.

# 파달에서 발견된
# 수령 1,700년 차나무

PU'ER
TEA

운남에는 오래된 차나무가 많다. 밀림에 사는 차나무들은 키가 매우 크다. 몇십 미터나 되는 것들도 있다. 학자들은 이 나무들의 나이가 수백 년, 수천 년이 되었다고 추정하기도 한다.

1961년, 운남성 맹해현(勐海縣) 파달(巴達)의 깊은 숲에서 오래된 차나무가 발견되었다. 이때 중국 학자들은 몹시 흥분했다. 차나무를 보러 달려가는 동안 그들의 머릿속에 온갖 생각이 떠올랐다.

중국 차가 처음 유럽에 들어간 것은 17세기 초였다. 유럽 사람들은 중국 차에 열광했다. 상류층은 중국산 실크옷을 입고 중국 도자기에 중국 차 마시는 것을 부의 상징으로 알았다. 특히 영국에서 차의 인기가 높았다. 가장 평범한 영국인도 차를 사기 위해 한 달 수입의 10%를 썼다. 문제는 차가 순전히 수입에 의존하는 제품이라는 것, 과도한 수입은 심각한 무역적자로 이어졌다. 영국은 무역적자를 메우기 위해 중국에 아편을 팔았다. 아편에 중독된 중국 사람들은 집도 팔고 아내도 팔고 자식도 팔고 폐인이 되었다. 뒤늦게 심각성을 인식한 중국 황제가 아편을 몰수해 불태우자 영국 의회는 아편값을 내놓으라고 전쟁을 일으켰다. 우리가 '아편전쟁'이라 부르는 그 전쟁 후 청나라는 급격히 기울다 결국 1912년에 망했다.

한편, 아편전쟁 직전에 영국은 식민지 인도에서 야생 차나무를 발견했다. 영국은 '이렇게 큰 야생 차나무가 발견됐으니 차나무 원산지는 중국이 아니라 영국령 인도'라고 공표했다. 중국으로서는 자존심이 몹시 상하는 일이었다. 생각 같아서는 당장 숲으로 들어가 야생 차나무를 찾아서 '이것 봐라, 그런 야생 차나무 우리나라에도 얼마든지 있다'고 증거로 내밀고 싶었다. 그러나 중국은 아편전쟁을 시작으로 급격한 현대사의 회오리에 휘말리다 보니 야생차를 찾으러 숲으로 들어갈 여력이 없었다. 신중국이 건국된 후에야 중국이 차나무 원산지임을 입증하겠다고 나섰다. 장려금이 걸리자 오래된 차나무를 찾으러 숲으로 들어가는 농민들이 많았다. 파달의 오래된 차나무도 그렇게 발견되었다.

한달음에 달려간 연구원들은 숲에서 34미터짜리 차나무를 보았다. 전에는 이렇게 큰 차나무를 본 적이 없었기 때문에 차나무가 맞는지 확신할 수가 없어 나무 잎을 따다 성분을 분석해 보았다. 그 결과 차나무에만 있는 성분이 나왔다.* 그들은 운남에서 높이 34미터에 나이가 1,700년이나 된 야생 차나무가 발견되었다고 발표했다. 그리고 이런 나무가 존재하니 운남이 바로 차나무의 원산지라고 했다.

이 야생 차나무는 지금은 세상에 없다. 2013년에 밑동이 부러지며 쓰러졌는데 나무통 속이 텅 비어 있었다. 오래오래 살다 천수를 다하고 죽은 것이었다. 이 나무가 죽었을 때 마을 사람들은 '이 나무가 우리 조상님들과 1,800년을 함께했는데, 이렇게 죽으니 집의 어르신이 돌아가신 것 같다'며 슬퍼했다.

---

\* 테아닌(theanine)이라는 일종의 아미노산은 차나무와 애기동백나무, 상피눔이라는 버섯에만 있다. 그래서 차나무인지 확인할 때 테아닌이 함유되어 있는지 검사한다.

## 필요할 때마다
## 찻잎을 따다가 끓였다

PU'ER
TEA

운남의 소수민족 가운데 매우 원시적인 방법으로 차를 마시는 사람들이 있다. 그 방법은 아주 먼 옛날부터 전해온 것처럼 보인다. 몇 가지 예를 들어보자.

2007년 사모(思茅) 지역에 있는 경매(景邁)라는 곳에 갔다. 이곳은 오래전에 조성된 660헥타르에 이르는 다원으로 유명하며, 소수민족 태족(傣族)이 살고 있다. 원래 중국 사람들은 생식을 하지 않는데 특이하게 태족은 생식을 좋아한다. 집주인이 800년 된 차나무 잎을 따다 반찬으로 상에 올렸다. 우리는 금방 따온 생찻잎을 양념장에 찍어 먹었다. 썼다! 하지만 언제 또 800년 된 차나무 잎을 반찬으로 먹겠나 싶어 열심히 먹었다. 그러면서 '먼 옛날 사람들은 차나무 잎

2007년 남나산에서 마신 차. 다 자란 잎을 따서 그대로 주전자에 넣고 끓였는데 밍밍하면서도 의외로 맛이 좋았다.

을 이렇게 활용하지 않았을까?' 하는 생각을 했다. 사실 차를 반찬으로 먹은 것은 운남 사람뿐만이 아니다.

진(晉)나라 때 사람 곽박(郭璞, 276~324)은 〈이아주(爾雅注)〉라는 책에서 당시 중국 사람들이 '잎을 끓여서 국으로 마신다'고 했다. 이것을 보면 옛날 사람들은 보편적으로 차를 음료로 생각하지 않고 반찬이나 음식으로 생각했던 것 같다.

이런 일도 있었다. 남나산(南糯山)에 갔을 때다. 집주인인 하니족 남성이 차를 끓여주겠다더니 대야를 들고 밖으로 나갔다. 그는 금방 돌아왔다. 대야에는 줄기째 뜯어온 손바닥만큼 크고 두꺼운 차나무 잎이 있었다. 주인은 주전자에 뻣뻣한 잎을 물과 함께 넣고 장작불로 끓였다. 한참 후 대접에 따라주는데 차탕이 희뿌염하고 정체를

소수민족 기낙족이 생찻잎을 불에 구워 끓이고 있다.

기낙족의 차. 화톳불에 구운 찻잎을 죽통에 물을 넣고 끓였다. 달고 맛있다.

알 수 없는 찌꺼기가 둥둥 떠다녔다. 내키지 않았지만 예의상 마셨는데 밍밍하면서도 의외로 달달하니 마실 만했다.

차를 마시고 나오는데 집앞 돼지우리 옆에 흙탕물을 잔뜩 뒤집어쓴 차나무가 있었다. '아, 주인이 나가자마자 바로 돌아오더니, 이 차나무에서 잎을 땄구나' 싶었다. 희뿌염한 탕색이며 정체 모를 부유물도 이해가 됐다. 비위가 상하긴 했지만 그 덕에 한 가지 힌트를 얻었다. '차 가공의 개념이 생기기 전에 여기 사람들은 차나무를 집 가까이 심어놓고 필요할 때마다 찻잎을 따다가 끓여 마셨겠구나.'

유락산(攸樂山)에 사는 소수민족 기낙족(基諾族)이 차를 마시는 방법도 독특했다. 생찻잎을 따다 파초잎에 싸서 숯불에 굽더니 금방 잘라온 파란 대나무통에 구운 찻잎과 물을 넣고 끓였다. 신기하게도 대나무통 안에서 차가 팔팔 끓었다. 이윽고 대접에 따라준 차는 불 냄새가 나고 시커먼 부유물이 떠 있었지만 달고 맛있었다.

아마 한동안 이런 식으로 생찻잎을 즉석에서 섭취하다가 시간이 지나면서 찻잎을 저장하고 싶어졌을 것이다. 다음에도 마실 수 있게 말이다.

천가채(千家寨)에 갔을 때 집주인이 들고 나온 차는 손바닥만큼 큰 이파리를 그대로 말린 것이었다. 이 차도 의외로 달달하면서 마시기 편했다. 주인은 자기 할아버지 때부터 잎을 따다 그대로 말려서 마셔왔다고 했다. 1,000여 년 전 운남차도 이같은 방법에서 크게 벗어나지 않았을 것 같다.

## 제갈공명의 전설이 깃든 공명차와 공명산

PU'ER
TEA

운남에는 제갈공명을 숭상하는 사람들이 많다. 제갈공명과 운남이라니 전혀 별개로 보이지만 차산에서 만난 소수민족 기낙족은 자기 조상이 제갈공명을 따라 사천성에서 운남으로 온 군인이었다고 믿고 있다.

"우리 조상들이 하루는 행군하다 본대를 놓치고 길을 잃었어. 공명이 우리 조상들에게 차나무를 주면서 사천성으로 돌아가지 말고 여기 남아서 차나무를 심고 가꾸라고 했지. 그때부터 우리는 여기 살게 된 거야."

정말로 그렇게 믿는 것처럼 보였다.

"그리고 당신들은 여기까지 왔으니까 꼭 공명산에 가서 하룻밤 자고 가."

공명산은 꼭대기가 편평한 것이 공명이 썼던 모자처럼 생겼다. 그들이 하도 추천하는 바람에 등 떠밀려서 하룻밤 자고 온 적도 있다.

사실 차산 사람들이 공명을 숭배한 것은 어제오늘의 일이 아니다. 863년에 쓰여진 〈만서(蠻書)〉에 이런 내용이 나온다.

　　오랑캐들은 길을 가다 공명을 모시는 사당이 보이면 말에서 내려 조심조심 걸어서 지나간다.

'오랑캐'는 운남 소수민족들을 가리킨다. 1,300년 전에도 운남 사람들은 공명을 모시고 숭배한 것이다. 뿐만 아니다. 운남 남쪽에 있는 차산 어느 마을에 가도 공명이 자기네 마을에 왔었다는 전설이

운남성 맹랍현에 있는 공명산. 제갈공명이 쓰던 모자처럼 생겨서 붙여진 이름이다.

있다. 이쯤되면 정말 그가 차산에 왔었나 싶다. 그러나 실제 역사를 따져보면 공명은 사천성에 가까운 북쪽에만 머물다 돌아갔지 차산까지 내려온 적은 없었다. 왜 차산 사람들은 공명이 차산에 왔으며, 자기들에게 차나무 심는 법을 가르쳐주었다고 믿는 것일까? 근거가 있을까 싶어 소설 〈삼국지〉를 읽어보았다.

중국 삼국시대 지도를 보면 위촉오 세 나라가 중국을 나누고 있다. 유비를 주군으로 삼은 제갈공명은 촉(蜀)에 자리를 잡았다. 촉은 오늘날 사천성과 범위가 거의 일치하고 아래쪽은 운남에 닿아 있었다.

225년 촉나라의 승상 제갈공명은 운남을 정벌하러 떠난다. 그 지역을 다스리고 있던 맹획(孟獲)이 10만 명의 군사를 거느리고 공격해 왔기 때문이다. 공명은 조조와의 결전을 앞두고 있었기 때문에 운남에 오래 머물 수 없었다. 가능한 빨리 맹획 문제를 마무리짓고 촉으로 돌아가려고 했다.

운남에 도착한 공명은 쉽게 맹획을 붙잡았다. 그러나 공명은 맹획을 죽이지 않고 오히려 술을 대접했다.

"이번에는 놓아줄 테니 다음번에 잡히면 항복하라."

맹획은 두 번째 잡혔을 때도 항복하지 않았다.

"한 번 더 봐줄 테니 제대로 싸워보라. 다음에 잡히면 죽이겠다."

이렇게 봐주기를 6번, 맹획은 또 잡혀온다. 공명은 일곱 번째에도 맹획을 놓아주었다. 맹획과 함께 공명에 대적했던 군사 몇만 명도 죽이지 않고 술을 대접하며 가족이 기다리는 고향으로 가라고 놓아주었다. 그리하여 맹획의 군사들은 울면서 고향으로 가 살아있는 공명을 위해 사당을 지었다. 시간이 흐르며 '공명이 우리 마을에 와서 차나무를 주었다', '우리 마을에 와서 벽돌을 땅에 묻었다'는 등의 전설이 만들어졌다.*

맹해 운차원(雲茶園) 정문 앞의 제갈공명 상

2007년도에 만전차산의 한 농가에 갔을 때다. 마침 동네 할아버지들이 대낮부터 술을 마시며 놀고 있었다. 그분들 말이 '공명차나무는 자라지를 않아. ○○네 아들이 태어났을 때 심은 나무가 30년이 되어도 아직도 작아'라고 했다. '공명차'는 재래품종 차나무였다. 그분들은 그 재래품종 차나무가 공명이 자기들에게 준 차나무라고 믿고 있었다.

---

* 중국 운남성 서쌍판납주에 차나무가 많이 자라는 산 여섯 개가 가까이 모여 있는 곳에 있다. 이곳을 청나라 때부터 육대차산(六大茶山)이라고 불렀다. 육대차산 중 하나인 만전차산은 한문으로 만전(蠻磚)이라고 쓴다. 만을 중국어로 읽으면 '묻다'는 뜻의 '매(埋)'와 발음이 얼추 비슷하고, 전은 '벽돌'이라는 뜻이니, 억지로 풀이해 보면 '벽돌을 묻는다'는 뜻이다. 그래서 '만전은 제갈공명이 내려와 벽돌을 묻고 간 마을'이라고 말하는 사람들도 있다. 그러나 역사적 사실과는 거리가 멀다.

한 사내의 이야기를 해보자. 그의 이름은 암냉(巖冷)이다. 그는 소수민족 복족(濮族)의 지도자였다. 복족이라는 소수민족은 이미 없어졌지만 복족에서 분화되어 나온 포랑족(布朗族)은 남아 있다. 그러니까 암냉은 포랑족의 조상이다. 포랑족의 역사서 〈포랑족지(布朗族志)〉에 그의 이야기가 나온다.

불력 700년 전에 공명이 운남을 정벌할 때 복족이 목숨을 걸고 1년간 맞서 싸웠으나 끝내 패했다.

소설 〈삼국지〉와 〈포랑족지〉에 실린 이야기는 아귀가 맞다. 〈포랑족지〉에 따르면 전쟁에 패하고 돌아온 암냉이 한 가지 특별한 일을 한다. 망경(芒景) 마을을 세우고 차나무를 재배하기 시작한 것이다. 망경은 운남 사모 지역에 있는 마을인데 오래된 차나무가 대단히 잘 보전되어 있다. 그는 찻잎에 '라'라는 이름도 붙여주었다. 지금도 포랑족, 태족은 찻잎을 '차'라고 부르지 않고 '라'라고 부른다.

전장에서 돌아온 암냉이 왜 다른 것도 아닌 차나무를 심고 가꾸었을까? 이제부터는 상상력을 발휘할 수밖에 없다. 암냉은 공명의 군대와 접촉하는 과정에서 차를 알게 되었을지 모른다. 이것이 영터무니없는 상상이 아닌 것이, 촉은 인류 최초로 차를 사고 팔았다는 기록이 있는 나라다. 그때가 기원전 59년이니까 지금으로부터 2,000년 전이다. 그 기록을 남긴 사내의 이름은 왕포(王褒), 한나라 때 사람이다. 그는 글을 매우 잘 썼다. 얼마나 글을 잘 썼는가 하면 황제가 그의 글재주를 보고 벼슬을 내릴 정도였다.

어느 날 왕포가 양혜(楊惠)라는 여자 집에 놀러갔다. 양혜는 과부였다. (둘이 애인 사이였다는 말도 있다.) 왕포는 그 집 종에게 술을 사오라고 시킨다. 남편 없이 사는 여자 집에 가서는 술 핑계로 종을 멀리 보내고 둘이 오붓한 시간이라도 보내려던 것이었을까? 그런데 이 맹랑한 종이 싫다는 것이다. 눈치가 없어서 그랬을 수도 있고 남편과 사별한 지 얼마 안 된 양혜가 외간남자와 바람 피우는 것이 싫어서 그랬을 수도 있다. 종은 죽은 주인 무덤에 올라가 이렇게 말했다.

"내 주인이 나를 사 올 때 외간남자를 위해 술을 받아오라고 시키지 않았소."

왕포는 화가 났다. 감히 이놈이! 왕포는 놈의 버르장머리를 고치고야 말겠다고 생각했다.

"그렇다면 내가 너를 사마. 앞으로 넌 내 말을 들어야 할 거야."

종은 계속 깐죽댄다.

"그렇게 하시오. 그러나 노동계약서를 작성해야 하오. 당신 종이 되어도 계약서에 없는 일은 절대 하지 않겠소."

왕포는 붓을 들고 황제가 벼슬까지 내린 그 좋은 글솜씨로 거침없이 노동계약서를 작성하기 시작했다. 왕포가 쓴 노동계약서를 번역했더니 A4용지로 2장이 넘었다. 그중 일부만 읽어보자.

새벽에 일어나 마당을 쓸고 밥 먹고 나면 그릇을 깨끗이 씻는다. 평소에 방아를 찧고 빗자루를 맨다. 우물을 파고 도랑을 치고 울타리를 고치고 밭의 김을 맨다. 밭고랑 사이에 길을 내고 움푹 패인 길을 메운다. 탈곡하고 대나무를 구부려 갈퀴를 만든다. 나무를 깎아 물동이를 만들고, 나가고 들어올 때 말과 마차를 타지 않는다. 두 다리를 벌려 앉거나 시끄럽게 하지 않는다. 잠잘 때를 빼고는 바삐 움직인다. 낫을 만들어 풀을 베고 갈대를 엮어 돗자리를 만들고 모시를 삼는다. 물을 길어오고 유락을 만들며 더불어 맛있는 음료수도 만든다. 각종 신발을 짓고 참새를 잡고 그물을 놓아 까마귀를 잡는다. 그물로 물고기를 잡고 날아가는 기러기를 잡고 야생오리를 사냥한다. 산에 올라 사슴을 잡고 물속으로 들어가 거북이를 잡는다. 뒷마당의 못을 정리하고 물고기, 거위, 오리, 자라를 풀어 키운다. 매를 쫓아내고 대나무 작대기를 내저어서 돼지를 쫓아낸다. 생강과 고구마를 심고 새끼 돼지와 강아지 모이를 준다. 당옥과 곁방을 청소하고 소와 말을 먹인다. 4경에 일어나 앉아서 분부를 기다리고 한밤중까지 모이를 채워준다.

그야말로 눈뜬 순간부터 잠자기 전까지 숨쉴 시간도 아껴야 할 정도로 많은 일을 시시콜콜 적었다. 이것을 본 종이 그제서야 눈물을 흘리며 '이럴 줄 알았으면 아까 술 사 올걸' 하고 후회했다는 이야기다.

우리가 주목해야 할 지점은 이제부터다. 왕포는 노동계약서에 이런 구절을 썼다. '무양(武陽)에 가서 차를 사 온다.' 무양이라는 곳에 가서 차를 사 오라고 한 것이다. 중국 차 역사에서 이 구절을 매우 중요하게 여긴다. 당시에 차를 만들어서 파는 사람이 있고 그것을 구입하는 사람도 있었다는 말이기 때문이다. 무려 2,000년 전의 일이다!

왕포가 이 글을 쓴 것은 기원전 59년이었다. 그리고 제갈공명이 운남에 온 것은 225년이었다. 그 사이에 차는 중국의 사천성을 출발해 동쪽으로 퍼져나갔다. 처음에는 사천성 옆에 있는 호남성, 호북성으로 갔다가 계속 전진해 동쪽 끝까지 갔다. 그 시대에 차는 우리가 상상하는 이상으로 보편적으로 보급되어 있었다. 그러니 촉나라 군대와 접촉한 암냉이 차에 대한 정보를 얻었을 가능성이 매우 높다. 게다가 암냉의 유언을 보면 그는 차나무를 관상용으로 심지 않았다. 그의 유언은 이렇다.

금과 은을 남겨도 언젠가 다 써버릴 것이요, 말과 소를 남겨도 언젠가는 죽을 것이다. 차를 남기니 후에도 차 덕분에 먹을 걱정, 입을 걱정이 없으리라.

암냉은 차를 말과 소처럼 상품가치가 있는 것으로 보았다. 차로 인해 먹고 입는다는 것은 차를 상품으로 삼아 먹을 것, 입을 것을 구한다는 말일 테니까 말이다. 과연 오늘날에도 암냉이 세웠다는 망경 마을에 사는 사람들은 차를 팔아서 먹고산다.

복족의 지도자요 영웅이었으며 다원을 개발했던 암냉은 후손들에게 금과 은, 말과 소 대신 차를 남기고 세상을 떠났다. 오늘날에도 포랑족은 음력 7월 6일 암냉의 기일에 제사지낸다. 그들이 조상을 기리는 '조상가'라는 노래에 이런 구절이 있다.

암냉은 우리의 영웅,

암냉은 우리의 조상,

우리에게 차나무를 남겨주었다네

# 야생차와 고수차

차나무를 야생차와 집차로 나눈다면, 야생차는 깊은 숲속에 사람의 간섭을 전혀 받지 않고 사는 차나무다. 집차는 사람이 야생차 중에서 맛있다고 생각되는 나무의 씨를 받아서 인공적으로 키운 것이다. 재배에서는 이를 '순화'라고 한다. 사람이 키운 집차는 고수차와 소수차로 나뉜다. 고수차는 심은 지 오래된 차나무로 보통 100년 이상 수령의 차나무를 가리킨다. 소수차는 수령이 얼마되지 않은 차나무다.

| 차나무 | 야생차 | |
|---|---|---|
| | 집차 | 고수차 |
| | | 소수차 |

소비자들은 야생차와 고수차를 헷갈리는 경우가 많다. 야생차는 자연 그대로의 차나무, 고수차는 인간이 품종을 선별해서 인공적으로 재배한 것이다. 선별할 때 안전성과 품질을 고려했기 때문에 야생차와 고수차 중에서 고수차를 선택하는 것이 좋다.

고수차(위), 야생차(왼쪽), 소수차(오른쪽)

# 운남차에 대한
# 최초의 기록, <만서>

PU'ER
TEA

사천 사람 왕포는 종과 쓴 노동계약서에 시장에 가서 차를 사 오라고 했다. 손님이 가고 나면 다구를 정리해 두라는 내용도 있었다. 중국 차에 관한 최초의 신빙성 있는 기록이지만 다구도 등장하고 상품 차도 등장하는 것을 보면 이미 차 생활이 상당히 발달한 것을 알수 있다. 반면 사천성 남쪽에 붙은 운남성 사람들은 아직도 원시적인 방법으로 차를 마신다. 이것을 보면 중국에서 가장 먼저 차를 마신 것은 운남성 사람들일 것 같다. 그러나 운남 사람들이 사천 사람들보다 먼저 차를 마셨다는 것을 입증할 문헌 기록이 없다.

운남에도 차가 있다는 최초의 기록은 왕포가 노동계약서를 쓴 기원전 59년에서 1,000년 가까운 시간이 흐른 863년에야 등장한다.

그때 중원을 지배한 것은 당나라였다. 당시 운남 지역은 중국이 아니었다. 운남에는 남조국(南詔國)이라는 독립국가가 있었다. 또 베트남 하노이는 당나라 땅이었다. 당시 베트남 하노이의 이름은 안남(安南)이라고 불리었다.

어느 날 당나라 황제는 남조국이 안남을 공격할 계획이라는 첩보를 입수하고 호남감찰사 채습(蔡襲)을 안남으로 내려보냈다. 채습은 전쟁 상대국인 남조국에 대한 정보가 전혀 없었다. 그래서 번작(樊綽)이라는 참모에게 남조국에 대한 정보를 수집하라고 했다.

번작은 남조국의 정치, 경제, 민족, 지형, 교통, 성곽 등에 대한 정보를 모은 보고서를 작성했다. 그리고 제목을 〈만서〉라고 했다. '만(蠻)'은 중국인들이 '남쪽에 사는 오랑캐'를 부르는 이름이었다. 즉 〈만서〉는 '남쪽 오랑캐들에 대한 기록'이라는 뜻이다. 전쟁 직전에 적국을 다니며 조사를 할 수 없었기 때문에 그는 기존에 출간된 책들을 참조해서 〈만서〉를 완성했다. 얼마 후 과연 남조국이 안남을 공격했다. 번작은 남조국 군대를 피해 해자에 숨었다가 간신히 도망쳐 나왔고 채습은 전투 중 전사했다.

이 〈만서〉에 운남차에 대한 기록이 나온다. 전쟁을 준비하기 위해 지형과 제도를 조사한 것은 당연하지만 차까지 조사한 것을 보면 번작은 매우 열심히 일하는 스타일이었던가 보다. 그 덕에 〈만서〉는 최초로 운남차에 대해 기록한 중국 책이 되었다.

차는 은생성(銀生城)의 여러 산에서 나온다.

수시로 거둔다. 잎을 따는 법, 차를 만드는 법이 없다.

몽사만(蒙舍蠻)은 산초, 생강, 계피와 함께 끓여 마신다.

짧은 문장이지만 정보가 많다. 첫째, 차가 은생성의 여러 산에서 나온다고 했다. 은생성은 남조국의 행정구역이었으며 그 관할구역이 오늘날 사모, 서쌍판납 지역과 대체로 일치한다. 이곳은 차나무의 자생지이며 오늘날에도 보이차의 주요 산지다.

둘째, 수시로 거두고 찻잎을 따는 법이나 차를 만드는 법이 없다고 했다. 번작은 당나라 사람이었다. 세계 최초의 차 전문서 〈다경(茶經)〉을 쓴 육우(陸羽)는 804년에 세상을 떠났는데, 그가 살아 있을 때 이미 고급 차문화가 크게 성행했다.

번작이 〈만서〉를 쓴 것은 863년으로 육우가 세상을 떠나고도 60년이 지난 뒤였다. 높은 벼슬아치의 참모이자 문인이었던 번작의 눈에 운남 소수민족의 제다 방법이 낙후해 보인 것은 당연한 일인지도 모른다.

셋째, 몽사만은 차를 산초, 계피, 생강과 함께 끓여 마신다고 했다. 몽사만은 남조국을 세운 사람들인데 지금은 이미 사라졌고 후예인 백족(白族)이 남아 있다. 백족은 아직도 차에 여러 향신료를 넣어 마시는 것을 좋아한다. 지금은 별나 보이지만 당나라 이전에는 이렇게 마시는 것이 보편적인 방법이었다. 옛사람들은 차를 죽처럼 끓여 마시기도 했다.*

번작의 눈에는 이것도 아주 뒤떨어진 방식으로 보였을 것이다. 당나라 때는 차에 이것저것 넣어서 죽처럼 끓여 먹는 것을 형편없다고했기 때문이다. 육우는 '차에 파, 생강, 대추, 귤껍질, 산수유, 박하 등을 같이 넣고 끓이는 경우도 있는데, 이는 차를 도랑에 버리는 것과같다'고 강경하게 주장했다. 육우는 차를 갈아서 솥에 끓이되 아무것도 넣지 말고 소금 간만 약간 하라고 했다.

---

* 이렇게 차와 여러 재료를 함께 넣어 죽처럼 끓이는 방법을 자차법(煮茶法)이라고 한다.

2006년 가을, 운남에 있는 맹해다엽연구소에 갔다. 그 연구소에
있는 80헥타르 넓이의 차나무 재배지와 차나무 품종 보존장을 직접
보고 싶어서였다. 당시만 해도 덜 개방적이었기 때문인지 아니면 직
원들이 귀찮다고 생각했기 때문인지 참관을 거절당했다. 직원들은
'외국인에게는 절대 공개 불가'라고 못을 박았다.*

실망해서 나오는데 맹해다엽연구소 마당에 육우 동상이 서 있는
것이 눈에 띄었다. 황금색으로 칠이 된 육우는 찻잔을 손에 든 채 차
향이라도 음미하는 듯 미소를 짓고 있었다. 육우는 중국에서 차로

---

* 지금은 아니다. 맹해다엽연구소가 차나무 재배지를 민간기업에 임대했고, 민간기업은 이곳을 체험 관광지
로 개발했다. 관광객은 여기서 차나무도 보고 숙박도 하며 다양한 체험을 할 수 있다. 차 좋아하는 분들은 가
볼 만한 곳이다.

가장 유명한 사람이니까 맹해다엽연구소 마당에 세울 동상의 주인 공으로 마땅했을 것이다. 그러나 육우는 운남에 아예 발도 딛지 않았다. 맹해다엽연구소에서 그것을 모르지는 않았을 것이다. 그럼에도 불구하고 육우 동상을 세울 수밖에 없었을 고충을 생각하니 어쩐지 조금 전에 문전박대당한 분이 조금 풀렸다. (육우가 아니라면 누구의 동상을 세울 수 있었을까? 암냉?)

육우는 누구일까? 그는 당나라 사람이다. 그가 중국에서 차로 가장 유명한 사람이 된 것은 세계 최초로 차 전문서를 썼기 때문이다. 중국 사람들은 그를 '차의 성인'이라는 의미로 다성(茶聖)이라 부른다. 그가 중국 전역의 차 생산지와 좋은 물을 찾아다니며 쓴 책 〈다경(茶經)〉은 오늘날까지도 차의 경전으로 인정받는다. 〈다경〉 첫머리에 육우는 이렇게 썼다.

차나무는 남쪽에서 나는 아름다운 나무다. 높이가 1~2척이며 심지어 수십 척도 있다. 사천(四川)과 호북(湖北) 일대의 차나무 중에 둘레가 두 명이 안을 만큼 두꺼운 것도 있다. 차나무를 베어내야 잎을 딸 수 있다.

1척은 약 33센티미터다. 수십 척이면 최소한 6미터 이상이라는 것이다. 그렇다면 육우는 운남에 가서 몇십 미터짜리 오래된 차나무를 보았던 것일까? 그렇지는 않다. 육우는 운남에 가지 않았다. 〈다경〉첫머리에도 사천성과 호북성의 차나무만 이야기할 뿐이다. 여기서만 아니라 〈다경〉 전체에서 운남은 한 번도 거론하지 않았다. 왜 그랬을까?

육우가 〈다경〉을 쓰기 위해 자료를 모을 때 운남에는 남조국(649~902)이 있었고, 중원에는 당나라(618~907)가 있었다. 남조국의 북쪽은 티베트, 동쪽은 당나라였다. 당시 토번(吐蕃)이라고 불리던 티베트는 대단히 강력한 나라였다. 당나라는 중국 역사상 가장 강성한 나라였으나 토번과의 전쟁에서는 지고 이기고를 반복할 뿐 토번을 완벽하게 제압하지 못했다. 토번이 당나라 수도까지 쳐들어와 쑥대밭을 만들고 가기도 했다. 당나라 황제는 어떻게든 평화롭게 지내보려고 황가의 여성을 토번 왕에게 시집보내기도 했다.*

당나라는 남조국을 이용해 보기로 했다. 그들의 계획은 남조국의 힘을 키워 티베트를 견제하는 것이었다. 처음에 남조국은 당나라의 도움을 받아 강성한 나라로 성장했다. 하지만 언젠가부터 오히려 당나라에 대항하기 시작했다. 750년, 남조국은 당나라 요주(姚州)를 습격했다. 이에 당나라는 8만 병력을 이끌고 반격했다. 다급한 남조국이 토번에 도움을 청했다. 남조국과 토번은 힘을 합쳐 당나라의 공격을 물리쳤고 그후 형제의 나라가 되었다.

다음해 당나라는 다시 대규모의 공격을 감행했지만 이번에도 남

---

* 문성공주(文成公主, 623?~680)다. 중국 사람들은 문성공주가 처음으로 중국 차를 티베트에 가져갔다고 한다.

조국·토번 연합군에 대패한다. 그러나 당나라는 멈추지 않았다. 그 다음해에도 남조국을 공격하기 위해 군사를 모았다. 그러나 두 번이나 전쟁에서 진 후라 지원자가 없었다. 이에 길거리에서 마구잡이로 사람들을 끌고 갔다. 당나라 대시인 백거이(白居易, 772~846)가 〈팔 잘린 신풍 노인(新豊折臂翁)〉이라는 시에서 이 시대를 고발했다.

무슨 이유인지 천보년(天寶年)에 큰 징병이 있어서

집에 남자가 셋이면 한 명을 뽑아서

어디론가 몰고 가더니

오월에 만 리나 떨어진 운남으로 갔다

운남에 노수(怒水)라는 강이 있는데

산초꽃 떨어질 때 장독(瘴毒)이 핀다 한다

군대가 열탕 같은 물을 건너다

열에 두세 명이 죽었다

마을 남쪽 북쪽에 곡소리가 구슬프고

아이는 부모를 잃고 남편은 아내와 헤어졌다

다들 오랑캐를 정벌하러 떠난 이들이

천만 명인데 한 명도 못 돌아왔다 한다

그때 노인이 24세라

군대의 명단에 이름이 있었는데

깊은 밤 남들 모르게

큰 돌을 내리쳐 팔을 잘라 버리니

활도 못 당기고 깃발도 들지 못해

이 때문에 운남행을 면했다

뼈 부서지고 근육 다친 고통을 모르지 않으나

징병에서 빠져 고향 땅에 남으려는 것이었다

　한편 당나라는 어렵사리 20만 대군을 모아 남조국을 공격했다. 그러나 적진에 너무 깊이 들어가는 실수를 범해 도리어 남조국 군대에 포위되었다. 결과적으로 군대의 반은 기아와 돌림병으로 죽고, 나머지 반은 남조국 군대에 쫓기다 강물에 뛰어들어 죽었다. 20만 대군 중 당나라로 돌아간 사람은 아무도 없었다고 한다.

　남조국, 토번과의 전쟁으로 당나라는 수많은 병력을 잃었고 막대한 전쟁자금으로 국력이 쇠해졌으며 백성의 원망이 하늘에 달했다. 마침내 755년에 '안사의 난'이 일어났다. 총애하던 신하 안록산(安祿山)이 군대를 일으켜 대항해 오자 현종은 양귀비와 몇만 명의 군대를 거느리고 사천성으로 몸을 숨겼다. 도중에 호위병사들이 양귀비에게 분노의 화살을 돌리자 현종은 부득이하게 양귀비에게 자결할 것을 명했다.

　양귀비만 불행을 겪은 것이 아니었다. 사회 전체가 동란에 휩싸였고 백성들은 살던 곳을 떠나 유랑했는데 육우는 바로 이 무리에 끼어 있었다. '안사의 난'이 일어났던 해 27세의 육우는 피난민 무리에 섞여 양자강을 따라 남쪽으로 내려갔다. 그 와중에도 전국을 돌며 각지의 차에 관한 자료를 수집했다.

그가 〈다경〉을 쓰기까지 20여 년의 시간이 걸렸다. 그 시기는 대략 760년~780년 사이였다. 남조국과 당나라가 전쟁 이후에 국교를 단절하고 적대국으로 지낸 것 또한 752년~794년이다. 이 사이 당나라 사람 육우가 차를 연구하기 위해 남조국에 들어갈 수 있는 방법은 전혀 없었다.

남조국과 당나라의 관계가 회복된 것은 육우가 〈다경〉을 완성하고 14년이 지난 후였다. 이때 육우는 66세로 험산준령을 넘어 현지답사를 다니기에는 늦은 나이가 되어버렸다. 그후로도 육우는 운남 땅을 밟아볼 기회를 갖지 못하고 804년에 생을 마감했다. 만약 그가 운남에 갈 수 있었다면, 운남의 차나무가 어떻게 생겼는지, 운남 사람들이 찻잎을 어떻게 따고, 차를 어떻게 만드는지 기록했을 것이다.

맹해다엽연구소에 세워진 육우의 동상. 그러나 육우는 운남에 가지 않았다.

# 대리국 말과 송나라 차를 바꾸다

당나라가 망하고 송나라가 들어섰고, 운남에서는 남조국 뒤에 대리국(大理國)이 들어섰다. 송나라와 대리국은 존망 시기가 거의 비슷하다.* 송나라와 대리국은 대등한 독립국이었고 존속하는 기간 동안 평화로운 관계를 유지했다. 송나라를 세운 조광윤(趙匡胤)에게 장수 왕전빈(王全斌)이 지도를 바치며 군대를 일으켜 대리국을 공격하자고 했지만 조광윤은 그럴 마음이 없었다. 그는 당나라와 남조국이 끝없이 싸우다 둘 다 피폐해진 것을 교훈으로 삼았다. 그리하여 옥도끼로 지도 위의 대도하(大渡河)에 선을 그었다. 대도하는 과거 당나라와 남조국의 국경선이었다. 조광윤은 '이 바깥은 나의 땅이 아니

---

* 송나라는 960년~1279년까지, 대리국은 937년~1253년까지 존재했다.

다'라고 했다. 그후 대리국과 송나라는 거의 교류가 없었다. 운남 차에 대해 남아 있는 송나라의 기록은 2군데뿐이다.

남송 사람 범성대(范成大)가 〈계해우형지(桂海虞衡誌)〉**라는 책에서 송나라가 천도한 후에 계림(桂林)에서 대리국의 말과 송나라의 차를 바꿨다고 했다. 당나라 사람 번작은 운남에 차가 난다고 했는데, 왜 대리국 사람들은 말을 주고 송나라 차를 가져갔을까? 범성대는 자세한 기록을 남기지 않았다.

송나라 때 운남차에 대해 기록한 사람이 한 명 더 있다. 이석(李石)이다. 그는 〈속박물지(續博物誌)〉라는 책에 이렇게 기록했다.

차는 은생성의 여러 산에서 나온다. 아무 때나 따고, 산초·생강과 섞어 끓여서 마신다.

당나라 사람 번작이 〈만서〉에 쓴 내용과 비슷하지만 생략된 부분이 있다. 후대 사람들은 이석이 〈속박물지〉를 쓸 때 번작의 〈만서〉를 살짝 생략하고 인용한 것이라고 평한다.

이렇게 운남차에 대한 기록은 두 가지가 전부다. 내용도 충실하지 않다. 그러니 송나라 때의 기록으로 운남차에 대해 알아보는 것은 매우 한계가 있다.

***

** 귀주성의 역사, 지리 등에 관한 책이다.

# 차와 말을 바꾼 송나라

송나라는 북송과 남송으로 나뉘는데, 모두 유목민들에게 둘러싸여 있었다. 북송 때는 북쪽에 거란족이 세운 요나라, 여진족이 세운 금나라가 있었고, 서쪽에 서하와 티베트가 있었다. 요나라와 금나라는 북송의 최대 적대국으로 끝없이 전쟁을 치르는 사이였다.

그러나 북송은 이들과의 전쟁을 몹시 힘들어했다. 본래부터 송나라는 무보다 문을 더 높이 치는 나라였기에 유목민들의 전투력을 감당하기 힘들었다. 게다가 결정적으로 유목민들은 매우 훌륭한 전투마를 갖고 있었다. 북쪽의 초원은 전투마를 키우기에 더없이 좋은 조건이었다. 그들의 전투마는 빠르고 지칠 줄 모르고 수가 많았다. 지평선에 나타난 그들의 기마병은 눈깜짝할 사이에 눈앞까지 달려왔다.

반면에 송나라는 농업국가라 초원이 부족했고, 따라서 말을 키우기에 매우 불리했다. 보병만으로는 결코 유목민의 기병을 이길 수 없었다. 송나라는 전투마를 조달하기 위해 애를 많이 썼다. 처음에는 적대국인 요나라와 금나라에서 말을 공급받았지만 북송 군대가 자기들이 보낸 말을 타고 전장에 나오자 요나라와 금나라는 말이 유출되지 않게 단속했다. 이에 북송은 비교적 우호적인 관계를 맺고 있었던 서하와 티베트에서 말을 공급받았다. 서하와 티베트는 북송에 말을 주는 대신 차를 원했다.

<계해우형지>는 북송이 금나라에 망하고 난 뒤 남송 때에 쓰여졌다. 송나라 사람들은 북송 시절 국토의 상당 부분을 금나라에 뺏기고 남쪽으로 내려가 다시 터전을 잡았다. 대리국의 말과 송나라의 차를 바꿨다는 것은 이 시절에 있었던 일이다.

남송의 궁정화가 유송년(劉松年)의 <연차도>에 표현된 당시 차 생활의 한 장면. 찻잎을 맷돌로 갈고 찻잔에 담아 주전자의 물을 따르고 있다.

# 운남, 원나라 시대에 중국에 편입되다

PU'ER
TEA

운남에 외부 세력이 들어온 것은 원나라 때다. 원나라 군대는 파죽지세로 중국을 휩쓸고 내려왔고 운남은 처음으로 중국에 편입됐다. 그러나 중국은 너무 컸고 황제의 통치권이 구석까지 미치지 못했다. 이런 곳은 지역인에게 벼슬을 내리고 황제를 대신해 통치하게 했다. 그런 이들을 토사(土司)라고 불렀다. 토사제는 원나라 때부터 청나라 이후까지 존재했다.

원나라 황제가 운남에 세운 행정구역 가운데 보일부(普日部)라는 곳이 있었다. 이 지명은 후에 보이(普洱)로 바뀌는데, 보이차라는 이름은 이 지명에서 유래됐다. 그러나 이 시기에도 보이차에 관한 자세한 기록은 남아 있지 않다. 다만 이경(李京)이라는 사람이 〈운남지

략(雲南志略)〉에서 이런 기록을 남겼다.

금치족(金齒族)과 백이족(百夷族)이 5일에 한 번씩 모여 교역을 하
는데 담요, 천, 차, 소금을 서로 바꾼다.

금치족과 백이족은 당시 운남에 살던 소수민족이다. 금치족은 치
아를 금색으로 물들였던 사람들이고, 백이족은 오늘날 서쌍판납에
서 가장 인구가 많은 태족의 조상이다. 이 사람들이 5일장이 열릴
때 차를 가지고 나와 다른 물품과 교환해 간다는 것이다. 분명 차가
만들어지고 거래도 되고 있었지만 아직 산업화된 기미는 보이지 않
았다.

명나라 때 사조제(謝肇制)라는 사람이 있었다. 그는 복건성(福建省) 출신으로 운남에는 벼슬을 살러 왔다. 그는 운남에 사는 동안 끊임 없이 관찰하고 기록했다. 그 내용이 〈전략(滇略)〉이라는 책으로 출간 되었다. 그는 운남차에 대해 다음과 같이 기록했다.

운남에는 차가 없는 것과 마찬가지다. 차가 생산되지 않는 것은 아니나 토착인들이 차를 따고 만드는 법을 모른다. 차를 만들어도 차 우리는 법을 모르니 차가 없는 셈이다.

굉장히 냉정한 평가다. 차가 없는 것은 아닌데 만드는 법도 모르고 우리는 법도 모르니 있으나 마나하다는 것이다. 그의 고향 복건성은 송나라 때부터 황실 전용의 최고급 차를 만든 곳이었다. 지금도 철관음이나 대홍포 같은 고급 차가 생산된다. 사조제가 복건성에서 왔으니 그의 눈에 비친 운남차는 형편없었던 것이다. 당나라 때 번작과 비슷한 견해다. 그는 보이차에 대해서도 기록했다.

> 하급관리와 백성들은 모두 보차(普茶)*를 마신다. 이 차는 쪄서 덩어리로 만든다. 끓이면 풀내가 난다. 물을 마시는 것보다 조금 낫다.

보이차에 대한 평가도 높지 않다. 물을 마시는 것보다 조금 낫다고 한다. 운남 사람들 입장에서는 섭섭할 평가다. 그래도 처음으로 보차라는 이름을 기록했고 그 차에 대한 설명도 있으니 보이차의 역사를 추적하는 데는 귀중한 자료다.

첫째, 하급관리와 백성이 모두 보차를 마신다고 했다. 원나라 때는 5일장에서 물물교환이나 하는 정도였는데, 이때는 많은 사람들이 보차를 마시고 있다. 생산량이 상당한 수준까지 올라간 것이다. 정부에서 세금도 거뒀다.**

둘째, 운남 사람들이 차를 쪄서 덩어리로 만든다고 했다. 이제 찻잎을 햇빛에 말렸다가 끓여 마시는 수준을 넘어섰다. 잎을 찌는 것

---

* 이후의 여러 문헌에 보차와 보이차가 같이 쓰였다.
** 명나라 유문징(劉文徵)이 쓴 〈전지(滇志)〉에 명나라 '천계연간(1621~1627)에 경동부(景東府)에서 차에 세금을 거두기 시작했으며 연간 세수가 125냥이었다'고 기록되어 있다.

은 상당히 발달된 가공이다. (지금은 생찻잎을 찌지 않고 솥에 덖는다.)

셋째, 잎을 찌는 것이 발달된 기술인 것은 맞지만 운남 사람들의 차 가공 기술은 아직 썩 좋지 않았다. 사조제가 보기에 보이차는 치명적인 단점이 있었다. 끓이면 풀내가 나는 것이었다. 생찻잎을 수증기로 찔 때 온도가 충분히 높지 않거나 수증기에 노출된 시간이 짧으면 완성된 차에서 풀내가 난다. 사조제가 말한 것이 바로 이것이다.

그러면 운남에는 보차만 있었을까? 그렇지 않다. 사조제는 운남에 보차 말고도 다른 유명한 차가 있다고 했다. 사조제에 따르면 곤명(昆明)에서 나는 태화차(泰華茶)와 대리(大理)에서 나는 감통사차(感通寺茶)인데, 둘 다 가격이 싸지 않다고 했다.

# 왜 덩어리로 만들었을까?

덩어리차는 단단하게 눌러서 만들었다 해서 긴압차(緊壓茶)라고도 한다. 모든 보이차가 다 덩어리차는 아니다. 그러나 확실히 덩어리차가 다수다. 보이차를 덩어리로 만든 것은 아주 오래전부터였다.

덩어리차로 만든 이유는 멀리 떨어진 지역에 판매되었기 때문이다. 티베트, 북경, 홍콩 등지로 팔려갔는데 잎차는 부피가 커서 말 등에 많이 싣지 못했다. 당시의 운송수단은 말이었다. 말 한 마리에 실을 수 있는 양은 한계가 있었다. 상인들은 궁리 끝에 차를 덩어리로 만드는 법을 생각해 냈다. 차를 덩어리로 만들면 말 한 마리에 60킬로그램을 실을 수 있었다. 잎차로는 어림도 없는 양이다. 게다가 운남에서 멀리 떨어진 곳까지 가다 보면 잎이 다 부서져서 상품성이 떨어졌다. 차를 덩어리로 만든 것은 운반비도 줄이고 차의 상품성도 유지할 수 있는 아주 좋은 방법이었다.

보이차만 덩어리차로 만드는 것은 아니다. 호남성 등지에서도 덩어리차를 만들었고 지금도 만들고 있다. 호남성의 복전차, 천량차가 유명하다. 이 차들도 과거에 티베트, 위구르 등 국경 너머 멀리 사는 유목민들에게 공급되었다. 역시 먼 거리를 말로 이동했는데, 효율성을 고려해서 덩어리차로 만들었다.

● 초벌가공

채엽 — 살청 — 유념 — 건조 ⟶ 쇄청모차

● 재가공

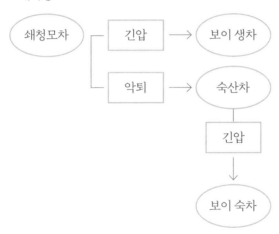

# 보이차는 쪄서
# 덩어리로 만든다

PU'ER
TEA

명나라와 청나라 교체기의 뛰어난 학자 방이지(方以智)는 〈물리소식〉이라는 책을 썼다. 〈물리소식〉은 일종의 백과사전이다. 방이지는 북경에서 벼슬을 살며 이 책을 쓸 자료를 수집했고, 1664년에 완성했다.

보이차는 쪄서 덩어리로 만든다. 서번(西藩)에서 이를 사 간다.

여기서 '보이차'라는 명칭이 처음 나왔다. (사조제는 '보차'라고 했다.) 이후 사람들은 보이차와 보차를 섞어서 썼다. 이어서 방이지는 보이차 만드는 법을 설명한다. 잎을 쪄서 덩어리차로 만드는 것은 사조제의 〈전략〉에 나온 내용과 같다. 그는 이 차를 서번에서 사 간다고 했다. '서번'이 '토번'일까? 하고 생각할 수도 있지만, '서번'은 '서번'이고 '토번'은 '토번'이다. '토번'은 우리가 아는 티베트, '서번'은 운남 북부 티베트의 국경지역이다. 말하자면 이때까지는 티베트에서 운남차를 수입해 갔다는 역사 기록이 없는 것이다.

〈물리소식〉에 운남차 생산량이 얼마인지는 나오지 않는다. 그러나 앞에서 사조제가 운남 백성들이 모두 보차를 마신다고 한 것을 보면 이미 생산량이 상당한 수준에 이르렀음을 짐작할 수 있다. 명나라 때는 나라에서 차의 생산과 판매를 매우 엄격하게 관리했다. 차를 운송하는 상인들은 나라에 등록하고 허가증*을 가지고 다녀야 했다. 그러나 사조제의 〈전략〉이나 방이지의 〈물리소식〉에 그런 말이 전혀 없는 것을 보면, 당시 보이차 생산이 상당했음에도 차가 생산되는 지역이 황제가 직접 통치하는 곳이 아니라 토사가 다스리는 지역이라 정보가 없었던 것으로 보인다.

---

* 이 허가증을 차인(茶引)이라고 한다. 차를 구입해서 멀리 떨어진 지역에 운송하려는 상인은 먼저 나라에서 허가증인 차인을 발급받아야 했다. 차인 제도의 편리한 점은 상인이 차인을 발급받으면서 미리 세금을 낸다는 것이다. 나라가 농민에게 사서 이문을 붙여 상인에게 팔면서 발생하는 온갖 비용이나 복잡함에 비하면 차인을 발급하면서 미리 세금을 받는 방법은 더없이 간단하고 편했다. 나라는 차인을 발급하고 차인이 잘 쓰이는지 관리감독만 하면 됐다. 이렇게 편리한 차인 제도는 송나라 때부터 시작되었고, 이후 청나라 말까지 계속 운영되었다. 명나라 때 운남 이외의 다른 지역에서는 차인 제도가 엄격하게 실시되었다.

피로 물든 육대차산,
변방의 차가 수도에서 큰 인기를 얻다

# 보이차, 역사의 무대로

PU'ER
TEA

청나라 옹정 황제는 보이차를 생산하는 차산에 군대를 파견해 소수민족을 무참히 죽였다. 보이차 역사 중 가장 슬픈 시기다. 그러나 그 일을 계기로 명나라 때까지 중원 사람들은 존재도 잘 몰랐던 변방의 보이차가 청나라 때 갑자기 유명해졌다. 보이차가 역사 무대로 등장한 것이다. 황제가 진상받은 보이차를 외국에서 온 사신에게 선물로 줄 정도로 폭발적인 인기를 끌었다. 보이차가 큰 산업으로 성장하자 운남의 이름난 상인들은 다 보이차를 다루었다. 북경은 물론이고 저멀리 홍콩과 동남아시아까지 진출했다. 그야말로 보이차의 빛나는 시절이었다.

# 운남으로 도망친
# 명나라 마지막 황제

PU'ER
TEA

1644년에 명나라가 망했다. 만리장성 너머에 살던 유목민 여진족은 파죽지세로 밀고내려왔다. 명나라 마지막 황제 숭정제(崇禎帝)는 자금성 뒷문으로 나가 나무에 목매달아 죽었다. 나라가 풍비박산나자 명나라 유민들은 황실의 핏줄을 찾아 황제로 추대했다. 그가 영력제(永曆帝)다. 국호는 남명(南明)으로 했다. 그들은 끝없이 도망을 다녔다. 광동성에서 광서성으로 갔다가 마지막에는 운남성까지 갔다. 운남에서 몇 년 간은 그래도 평화롭게 지냈다. 운남은 중국에서도 가장 외진 곳이었다.

그러나 청나라 황제는 그들이 계속 평화롭게 살게 두지 않았다. 영력제가 반청운동의 구심점이니 그를 없애야 했다. 1661년, 청나라 황제는 오삼계(吳三桂)를 운남으로 보내 영력제를 토벌하라고 했다. 본래 명나라 장수였던 오삼계는 명나라를 배반하고 청나라의 장수가 되었다. 중국 역사상 대표적인 배반자. 영력제는 운남에서 가까운 미얀마로 도망갔다. 미얀마 왕은 영력제와 수행원 2천 명을 무장해제하는 조건으로 받아주고 대나무 울타리 안에 가두어 감시했다.

1661년 5월 23일, 미얀마 왕의 동생이 정변을 일으켜 형을 죽이고 왕이 되었다. 새 왕이 영력제에게 축하선물을 요구했으나 그는 더부살이하는 처지임에도 새 왕이 옳지 않은 일을 했다며 선물을 보내지 않았다. 며칠 후 미얀마 왕이 영력제에게 강을 건너와 같이 맹세주를 마시며 신뢰를 쌓자고 했다. 남명의 문무 관원 42명은 두려움에 떨며 강을 건넜다가 전부 죽임을 당했다. 미얀마 군이 영력제의 재물과 여자들을 노략질했다. 이때 영력제의 비첩 등 100여 명이 목을 매고 죽었다.

한편 영력제를 따랐던 명나라 장수들이 황제를 구출하기 위해 목숨을 건 전투를 계속했다. 그러나 이미 세가 많이 약해진 그들은 수성전을 하는 미얀마 군을 쉽게 이기지 못했다. 그들은 강을 건너다 물에 빠져 죽고 미얀마 군의 코끼리 부대에 밟혀 죽고 풍토병에 걸려 죽어갔다. 그러면서도 싸우고 또 싸웠다.

미얀마 왕은 가능성 없는 남명 정권 때문에 청의 미움을 받기 싫어서 영력제와 수행원들을 청군에 넘겼다. 본래 오삼계는 영력제를 북경까지 끌고 가려 했으나 중간에 사고가 생길 것을 우려해 1662년 6월 1일, 곤명에서 목졸라 죽였다.

영력제가 죽었을 때 그의 신하 이정국(李定國) 장군은 병중이었다. 본래 이정국은 명나라 정부에 봉기를 일으킨 농민군 대장이었다. 여진족이 쳐들어오자 명나라 황제의 신하가 되어 함께 떠돌다 운남성 맹랍까지 들어온 참이었다. 영력제가 오삼계에게 목졸려 죽었다는 소식을 들은 이정국은 흰옷으로 갈아입고 머리를 풀어헤친 후 피눈물을 흘리며 통곡했다. "황제께 죄송해서 어찌 천하를 대할 것인가?" 며칠 뒤 이정국은 서쌍판납 맹랍에서 죽었다. 그는 아들에게 이런 유언을 남겼다. "벌판에서 죽을지언정 항복하지 말라."

미얀마는 운남과 국경을 맞대고 있는 나라다. 이정국이 죽은 맹랍은 육대차산이 속해 있는 곳이다. 대규모의 군사행동은 필연적으로 운남의 소수민족들, 차산 사람들에게도 영향을 주었을 것이다.

# 의방차산
# 왕자산의 내력

PU'ER
TEA

의방차산의 만송산 차는 청나라 때 황제에게 진상되었다. 만송산 차는 신기하게도 우릴 때 수직으로 섰다고 한다. 그 만송산 꼭대기 이름이 왕자산이다. 왕자산이라니, 소수민족들이 모여 사는 오지 중의 오지에 웬 어울리지 않는 이름일까? 지금부터 하려는 이야기는 이 지명과 관련된 전설이다.

남명의 마지막 황제가 죽고 난 후의 일이다. 의방차산에서 격전이 일어났다. 이 격전은 아마도 남명 황제 영력제를 따르던 무리들과 청나라 군대 사이에 일어났을 것이다. 이 격전이 끝난 후 청나라 병사의 추격을 받던 소년이 농민의 집으로 숨어들었다. 소년은 16세였다. 성은 주(周)씨였다고 한다. 명나라 황제가 주씨였으니 영력제의 피붙이였는지도 모르겠다.

소년은 성을 이씨로 바꾸고 깊이 숨었다. 그러나 머지않아 청군에게 발각되었다. 그를 숨겨주었던 가족은 현장에서 죽임을 당했고 살아남은 사람은 도망가다 죽었다. 가족 중 한 노인이 겨우 살아남아 마지막까지 소년을 보호했는데, 그도 끝내 발각되어 세 토막 나서 죽었다 한다. 소년도 결국 허리가 잘려 죽었다. 이 일이 지나간 후에 사정을 아는 사람들이 모였다. 죽은 소년의 신분을 밝히고 마을 사람들을 모아 해발 1,300미터 산 정상에 그를 묻었다. 사람들은 그의 무덤을 왕자묘라고 부르고, 그가 묻힌 산을 왕자산이라고 했다.

차산 사람들은 왕자산 차를 우릴 때 수직으로 서는 이유를 '청나라에 항복하지 않는 정신'이라고 생각한다. 10여 년 전에 차산에서 만났던 할아버지도 그렇게 생각하고 있었다. 그는 자기가 만든 차에 대단히 자부심을 갖고 있었지만 그럼에도 '왕자산 차가 제일'이라고 했다.

의방차산의 차나무는 잎이 작은 소엽종이다.

# 북승주에서
# 차마호시를 열다

PU'ER
TEA

청나라 황제는 오삼계의 공을 인정해 운남 지역의 왕으로 봉했다. 한편, 오랜 세월 티베트는 대량의 차를 필요로 했다. 티베트의 지도자 달라이 라마는 오삼계에게 편지를 보내 영력제를 잡고 운남을 평정한 것을 축하했다. 그리고 운남차와 말을 바꾸자는 제안을 해왔다. 오삼계는 달라이 라마의 제안에 솔깃했다. 전투마는 언제나 필요했다. 전에는 매년 필요한 말을 청해성(靑海省) 서녕(西寧)에서 구입했다.* 운남성에서 청해성까지는 먼 길이다. 달라이 라마는 운남성 북부 북승주(北勝州)에서 차마호시(茶馬互市)를 열면 훨씬 편할 것이라

---

\* 서녕은 송나라 때부터 차와 말을 교환하는 관청인 차마사(茶馬司)가 있던 곳이다. 〈신당서〉 기록에 따르면 731년 티베트가 당나라 서녕에서 티베트의 말과 당나라의 차를 맞바꾸는 차마호시를 열자고 제안했다고 한다. 그때부터 티베트는 줄곧 중국에서 차를 공급받았다.

고 했다. 오삼계는 달라이 라마의 청을 황제에게 알렸다. 황제가 이 제안을 받아들여 순치18년(1661년) 운남성 북부 북승주에서 차마호 시가 열렸다. 이때부터 운남 차가 공식적으로 티베트에 들어갔다. 이 첫 거래를 위해 청나라 정부가 발급한 허가서는 총 3천 장이었 다. 허가서 1장에 60킬로그램의 차를 취급할 수 있었으니, 당시 티 베트로 들어간 차는 총 180톤이다.

한편 오삼계는 말로가 좋지 않았다. 청나라가 안정되어 감에 따라 황제는 중앙집권제를 원했다. 그래서 오삼계에게 준 권한을 철수하 기로 한다. 오삼계는 과거에 남명의 황제를 목졸라 죽였으나 이번에 는 명나라를 회복하겠다며 청나라에 반대하고 일어났다.

명나라를 배신하고 청나라를 섬긴 지 30년 만의 일이었다. 변발 했던 머리를 기르고 명나라식 옷으로 바꿔 입었다. 그렇게 8년 간 청나라와 싸우다 스스로 황제라 칭하고 나라 이름을 대주(大周)라 했 다. 그러나 그의 싸움은 처음부터 승산이 없었다. 자식들은 청나라 황제에게 인질로 잡혀 있었고 자신도 고령이었다. 황제 자리에 오른 지 5개월 만에 지나친 스트레스로 죽었다. 죽기 전에 손자 오세번에 게 황위를 물려주었으나 오세번도 3년 후에 곤명성에서 청나라 군 대에 패했다.

1681년, 강희 20년에 오삼계의 반란이 실패로 끝났다. 청나라 황제는 오삼계가 달라이 라마와 내통했는지 조사하라 했다. 이 일로 북승주, 중전(中甸) 등지에서 열렸던 차마호시가 일시적으로 중지되었다. 달라이 라마가 오삼계와 연합해서 반란을 일으킬 의도가 없었다는 결론이 나자 차마호시는 다시 열렸다. 차마호시가 열리는 곳도 학경(鶴慶), 여강(麗江), 금사강(金沙江) 등으로 확대되었다. 티베트에 정식으로 차가 들어가면서 운남의 차 산업이 자극을 받아 활발해 졌다.

# 보이차,
# 강희 황실에 진상되다

명나라 황실에 진상되었던 보이차를 마시는 다회가 열렸다는 소식을 어느 차 잡지에서 읽었다. 그들이 마신 것은 명나라 가정연간 (嘉靖年間, 1522~1566)에 만들어 황실에 진상되었던 보이차로, 당시 황실에 진상되었던 자기 항아리 안에 봉인되어 담겨 있었다고 했다. 명나라 가정연간이면 지금으로부터 대략 450년 전이다. 450년 된 차를 마실 수 있는가는 별문제로 하고 과연 이 시기에 보이차가 있었고 진상까지 했는지 따져보자.

명나라 때 사조제가 〈전략〉에서 '운남에서 서민들이 마시는 것이 보차인데, 가공을 못 하니 마시면 맹물 마시는 것보다는 낫다'고 했다. 당시 서민들이 마신 것은 보차, 신분이 있는 사람들이 마신 것은

대리의 감통사차와 곤명의 태화차였다. 품질 좋은 감통사차와 태화
차를 젖히고 서민들이 마시는 보차가 황실에 진상되었을까? 사실을
이야기하자면 그 시절에는 아예 운남 차가 황실에 진상되지 않았다.
명나라 때 쓰여진 〈만력야획편(萬曆野獲編)〉에 전국에서 진상 올린 차
가 기록되어 있다. 복건성, 강소성, 호남성 등 전국 유명 산지의 차는
있어도 운남 차는 없다.*

 보이차가 황실에 진상된 것은 청나라 강희 황제 때부터다. 중화민
국 시대에 나양유(羅養儒)라는 사람이 쓴 〈내가 기억하는 것들〉이라
는 책에 이런 구절이 나온다.

 운남 차가 조정에 진상된 것은 강희 때부터였다. 강희 황제가 어
 느 날 성지(聖旨)를 내려 운귀총독과 운남순무가 인력을 파견하고
 경비를 지불해 보이차 5담을 만들게 하고 궁정에서 마셨다. 이때부
 터 매년 궁정에 진상되었다.

 강희 황제 때부터 운귀총독(운남성과 귀주성을 다스리는 가장 높은 관리)
과 운남순무(운남성에서 지위가 가장 높은 관리)가 각각 황실에 바칠 보이
차를 5담씩 만들었다. 1담은 말 한 마리가 질 수 있는 무게를 가리

---

*〈만력야획편〉의 기록에 따르면 명나라 때 전국에서 조정에 진상한 차 중에 복건성에서 생산한 차가 많았다.
건녕부(建寧府, 지금의 복건성), 여주(慮州)가 중요한 차 산지였다. 의흥과 장흥 두 군데서 진상한 차는 각각
110근밖에 되지 않지만 품질이 좋아서 귀히 여겼다. 태호(太湖)와 용계(龍溪), 회남악록(淮南岳麓), 형호(荊
湖), 덕주(德州) 등지에서 생산된 차도 진상되었다.

킨다. 현대 도량형으로 환산하면 60킬로그램이다. 강희 황제에게 보낼 보이차는 공식적으로는 5담, 300킬로그램이었다. 그러나 실제로 북경에 보낸 양은 이보다 많았다. 총독과 순무가 여러 관원들과 좋은 관계를 유지하기 위해 선물로 보내는 차까지 포함되었기 때문이다. 심지어 이런 차가 오히려 진상하는 차보다 많았다.

보이차는 청나라 말까지 줄곧 진상되었다. 청나라 말이 되자 강성했던 나라가 기울기 시작하면서 열강이 중국을 노략질했고 내부에서는 도적떼가 들끓었다. 광서 34년(1908년) 곤명으로 가던 진상 차를 도적들에게 빼앗기는 사고가 발생했다. 이 일을 계기로 진상이 일시적으로 중단되었다. 그리고 몇 년 후 청나라가 망하면서 200여 년 동안 계속되었던 보이차 진상이 막을 내렸다.

# 저항하는 토사들,
# 피로 물든 개토귀류

PU'ER
TEA

청나라가 건국되고 몇십 년이 흐르고 있었다. 청나라는 건국 초의 나라들이 그렇듯 강력한 에너지를 뿜으며 탄탄하게 자리를 잡아갔다. 황제는 이제 다음 단계 계획을 실행하기로 한다. 원나라 때부터 멀고 외져서 어쩔 수 없이 토사들에게 맡겨두었던 땅을 되찾는 일이다.

토사를 모두 없애고 황제의 명을 받은 관리가 다스리는 것, 그것을 '개토귀류(改土歸流)'라 한다. 토사제도를 폐지하고 류관제도(流管制度)를 실시한다는 뜻이다. 류관제도는 황제의 신하가 몇 년에 한 번씩 임지를 바꿔가며 근무하는 제도다. 황제의 신하라도 한 지역을 몇십 년씩 다스리면 토호가 될 가능성이 있으니 이를 방지하기 위해

임지를 바꾸었다.

토사제도를 없애려면 명분이 필요했다. 황제는 토사제도의 불합리한 점을 조목조목 나열했다. 첫째, 백성들이 토사가 있는 줄은 알아도 황제가 있는 줄을 모르니 정책을 실행하는 데 걸림돌이 된다. 둘째, 토사들은 폐쇄적이라 선진 문물이 유입되지 못한다. 선진 기술이 유입되면 이 지역의 광산, 황무지산 등 자연자원을 개발할 수 있을 것이다. 셋째, 토사제도로 백성들이 고통받는다. 토사는 주민들을 노예로 여기며 학정을 일삼는다. 게다가 토사들 간의 전쟁도 멈추지 않는다.

이렇게 명분을 생각해 낸 황제는 본격적으로 토사제도를 개혁하기 시작했다. 당연히 이 정책은 토사들의 강력한 반대에 부딪혔다. 모든 권한을 순순히 내려놓을 토사는 없었다. 토사들은 결사항전했고 황제는 그들을 칼로 베었다. 운귀총독 악이태(鄂爾泰)는 진원(鎭沅), 위원(威遠) 지역에서 반항하는 토사와 그 지역의 소수민족을 모두 죽였다.

미첩(米貼) 지역으로 쳐들어간 장군이 '남아 있는 자를 죽이고 도망간 자도 죽이고 부녀자도 죽여라. 단, 조금 미색이 있는 여자는 죽이지 말라'는 명을 내렸다. 도살의 수단도 잔인했다. '두개골에 구멍을 뚫고 얼굴을 가르고 손과 발을 자르고 배를 갈라 창자를 꺼내고 산 채로 꼬챙이에 끼웠다. 천고에 없었던 처참하고 잔혹한 방법이었다. 깊은 산속으로 숨어들어간 백성들도 샅샅이 뒤져서 죽이고 배를

가르고 창자를 꺼내 나무에 걸었다.' 미첩에서 죽은 사람만 3만 명
이 넘었다.

개토귀류는 운남에 거대한 변화를 가져왔다. 행정구역이 보다 현
대적으로 개편되었고 황제가 임명한 관리가 파견되었다. 관리는 황
제의 명령을 즉각적으로 시행했다. 변경과 내지 사이의 정치, 경제,
문화 교류가 많아져 폐쇄성이 개선되고 사회가 발전되었다. 그러나
그 과정에서 무고한 백성들이 대량으로 도살되었다. 결론적으로 개
토귀류는 사회발전을 촉진했지만 피지배계층인 소수민족의 희생이
너무 컸다.

# 황제의 땅이 된 육대차산

옹정 황제의 계획은 순조롭게 진행되었다. 1726년과 1727년에 운남 상당 지역의 토사 세력을 무력화했다. 그리고 자신의 신하를 관리로 보냈다. 그러나 운남에서도 남쪽인 서쌍판납은 북쪽보다 진행이 더뎠다. 이 지역은 특히 토사 세력이 강한 곳이었다.

'어떻게 하면 효율적으로 개토귀류를 시행할까?' 황제는 서쌍판납 지도를 들여다보았다. 서쌍판납을 가로지르는 강이 눈에 들어왔다. 강 이름은 난창강(瀾滄江)이었다. 난창강 동쪽은 육대차산(六大茶山)이 있는 지역, 서쪽은 맹해 지역이다. 두 지역은 분위기가 많이 달랐다. 맹해는 지극히 폐쇄적이며 토사 세력이 강한 곳이었고, 육대차산은 1661년 티베트와 차마호시가 시작되고 60년이 지나면서 한족 상인

마포붕이 부정을 저지른 한족 상인과 아내를 죽이고 잘라낸 목을 걸었다는 나무. 우곤당이라는 곳에 있다. 이곳은 과거에는 육대차산에서 가장 번화한 거리였다.

들이 차를 사러 드나드는 지역이었다.

황제는 외부인 출입이 잦은 육대차산에서 먼저 토사를 무력으로 제압하고 맹해 지역은 조금 더 관찰하기로 했다.* 그리고 적당한 때를 기다렸다. 1727년, 황제가 기다리던 기회가 왔다. 강서성(江西省) 상인들이 차를 수매하기 위해 육대차산의 망지차산(莽枝茶山)에 들어갔다. 그들은 차를 수매하는 동안 소수민족 마포붕(麻布朋)의 집에 머물렀는데 상인 중 한 명이 마포붕의 아내와 사통하는 일이 발생했다. 마포붕은 이를 알고 한족 상인과 자신의 아내를 죽였다. 그리고 그들의 머리를 망지차산에서 가장 번화한 곳, 우곤당(牛滚塘)에 있는 큰 나무에 걸었다.

---

*맹해 지역의 토사제도는 1950년까지 계속되었다.

죽은 상인의 동료들이 차산의 토사 도정언(刀正彦)에게 가서 마포봉을 고발했다. 그러나 당시 차산의 풍습으로 남편이 외간 남성과 사통한 아내를 죽이는 것은 죄가 아니기 때문에 도정언은 마포봉에게 아무 처벌도 내리지 않았다. 황제는 이것을 꼬투리로 삼았다. 토사 도정언이 마포봉을 사주해서 한족 상인을 죽였다며 군대를 보냈다. (두 사람에게 미안하기는 하지만, 이게 군대까지 출동할 일인가 말이다. 정말 꼬투리를 잡은 것이다.) 청나라 군대는 1년 동안 차산 사람들을 닥치는 대로 죽이고 집을 노략질하고 다원에 불을 질렀다. 마침내 마포봉과 도정언이 잡혀서 참수형에 처해졌다. 사실 이들이 정부군에 맞서 1년이나 버틴 것도 기적에 가까웠다. 차산 사람들이 험한 지형을 의지하고 게릴라전을 펼쳤기 때문에 가능했던 싸움이다.

서쌍판납에서 가장 넓은 지역을 다스렸고 모든 토사 중에서 가장 지위가 높았던 토사의 왕 차리선위사(車里宣慰使)는 육대차산을 황제에게 내어주었다. 자기 영토의 반에 해당하는 구역이었다. 이제 육대차산은 황제가 직접 통치하는 지역이 되었다. 황제는 육대차산에서 한참 떨어진 보이에 보이부(普洱府)라는 관청을 설치했다. 그리고 자신의 신하를 내려보내 통치하게 했다.

보이부의 관할지역은 넓었다. 오늘날의 사모, 육대차산 등지가 모두 포함되었다. 유락차산에 동지(同知)라는 관청을 설치하고 감람패, 의방, 맹오(지금은 라오스 땅이다.)에는 파총(把總) 직급 관리를 1명씩 두고 군대도 파견했다. 토사가 나간 자리를 황제의 신하들이 차지한 것이다.

# 사모에 총차점을 설치하다

육대차산에는 피냄새가 짙게 배어 있었다. 죽은 사람도 많았고, 도망간 사람도 많았다. 황제는 살아남은 사람들이 무장봉기할 것을 걱정했다. 그래서 '야만한' 차산 주민들을 통제할 수 있는 수단을 찾았다. '차'였다. 차산 주민들은 차로 먹고살았다. 황제는 차로 차산 주민들의 목줄을 쥘 수 있겠다고 생각했다.

청나라 초에 티베트에 차가 들어간 이후 상인들이 육대차산에 들어가서 차를 샀다. 차산은 농지가 적고 농사 짓기 힘든 지형이라 차가 아니면 입에 풀칠하기 힘들었다. 그런데도 황제는 차산에 한족 상인들이 들어가는 것을 금지시켰다. 상인들이 몰래 차산에 들어갔다가 발각되면 처음에는 구류하고 두 번째는 칼을 채워 압송했다.

황제는 보이부 관할지역 사모에 총차점(總茶店)이라는 기구를 세우고 여기서만 차를 거래하게 했다. 농민들은 총차점에 차를 팔았고 상인들은 총차점에서 차를 구입했다. 모든 차 거래는 총차점을 통해 이루어졌다.

총차점을 통하지 않은 거래는 불법이었고 발각되면 엄벌에 처했다.* 이렇게 정부에서 모든 차를 사들이고 판매까지 도맡아하는 '전매제'는 당나라 때 시행된 적이 있었다. 전매제가 몹시 번거롭고 비효율적이라 송나라 때 도입한 것이 허가증 제도였다. 허가증 제도는 정부에서 발급하는 허가증을 가진 상인과 농부가 직접 거래하게 하는 제도였다. 정부는 상인이 허가증을 제대로 쓰고 있는가만 관리감독했기 때문에 매우 편리하고 효율적이었다. 그래서 송나라 때 허가증 제도가 실시된 이래 청나라 말까지 꾸준히 시행되었다. 그런 것을 차산 주민들을 압제하기 위해 몇백 년이나 거꾸로 되돌아가 전매제를 부활시켰다.

한족 상인들이 차산까지 못 오니 차산 주민들이 총차점까지 갈 수밖에 없었다. 차산에서 총차점까지 가는 데 몇 날 며칠이 걸렸다. 총차점이 있는 사모까지 가는 데 드는 비용, 사모에 가서도 차 수매가 끝날 때까지 먹고 자는 데 드는 비용은 모두 농민이 부담했다. 게다가 관리들은 찻값을 반만 치고, 그 반도 제대로 주지 않는 등 농민들

---

\* 오늘날의 담배 거래와 비슷하다. 담배는 나라에서 전매하는 것이라, 농부가 담배 농사를 지어도 소비자에게 직접 팔 수 없다. 팔면 불법이다. 반드시 전매청에 판매해야 하고, 전매청이 이를 가공해서 다시 소비자에게 판다.

의 편의를 전혀 봐주지 않았다. 농민의 입장에서는 상인보다 관리를
상대하기가 더 힘들었다.

　결국 일이 터졌다. 옹정 10년(1732) 망지차산의 하급 토사 토천호
(土千戶)* 도흥국(刁興國)이 관부의 압제를 견디다 못해 여러 소수민
족을 규합해 보이부를 포위했다. 그는 몇 년 전 옹정 황제에게 누명
을 쓰고 죽은 도정언의 조카였다. 황제는 급히 관병을 파견했다. 관
병은 도흥국과 그를 따르던 사람들 3천 명의 목을 자르고 주민 4만
2천 명을 색출해 항복을 받았다. 이 사건의 파괴력이 너무 커서 이후
보이에서는 차를 직접 생산하지 못했다. 육대차산 지역에서 실어오
는 차를 받아서 가공하고 다른 지역으로 보내는 일만 했다. 보이차
가 정작 보이 지역에서는 생산되지 않는 것이 이때부터였다.

---

*천호는 청나라 때 관직 이름이다. 관직을 받는 사람이 소수민족이면 앞에 '토(土)' 자를 붙였다.

아침 안개에 싸인 노반장 마을

노반장 마을에서 딴 차나무의 어린잎

# 육대차산의 중심이 된 의방

PU'ER TEA

황제는 생각했다. '육대차산처럼 한족 물이 덜 든 곳은 무작정 토사를 몰아내고 관리를 내려보내는 것이 능사는 아니구나. 일단 한 발만 양보하자.'

황제가 절충안으로 생각한 것은 이중 관리 체계였다. 지역의 소수민족 백성은 토사가 다스리고 토사는 황제의 신하들이 관리하는 것이었다. 이렇게 되면 백성들이 황제의 신하를 직접 볼 일이 없으니 들끓는 민심을 잠재울 수 있겠다고 판단했다. 유락차산에 설치한 '동지' 관청도 철수했다. 황제의 신하가 차산을 떠난 뒤 차산의 최고 통치자는 의방(倚邦) 토사 조당재(曹當齋)가 되었다. 당시 의방은 육대차산의 정치·행정 중심지였다.

조당재가 어떤 사람이었는지 알아보자. 그의 할아버지는 한족이었다. 차 때문에 의방에 왔다가 소수민족 족장의 외동딸과 결혼했고 장인이 죽은 후 그 지위를 물려받아 족장이 되었다. 조당재는 의방에서 태어나고 자랐다. 그 역시 소수민족 족장 딸을 아내로 삼았다. 옹정 황제 말년에 도홍국이 반란을 일으켰을 때 토벌에 앞장섰고, 만전차산에 병이 돌았을 때 이를 효과적으로 통제했다. 광서성, 귀주성에서 소수민족이 반란을 일으켰을 때도 원정 가서 진압에 앞장섰다. 건륭 황제는 조당재의 공을 치하하며 토천총(土千總)의 지위를

과거 의방은 육대차산의 중심이었다.

의방에 남아 있는 돌사자상. 돌사자상은 무관의 집 앞에 세웠다.

내리고 상을 주었다. 그의 소수민족 아내도 함께 표창을 받았다. 역사책에 조당재는 이처럼 유능한 군인이자 능력 있는 관리로 그려졌다.\*

그러나 민간 고사 속 조당재는 완전히 다른 사람이었다. 싸움터에 나간 조당재는 진지에 틀어박혀 꼼짝도 하지 않았다. 용변을 볼 때 큰 나무통에 들어가 있으면 사람들이 진지 밖으로 메고 나갔다. 적이 무서워서 통 안에서 볼일을 보았는데 변이 어찌나 굵은지 적들이 보고 지레 겁을 먹고 도망갔다. 조당재를 조소하는 이야기에 봉기를 무력으로 진압하고 정부 관리가 된 그에 대한 노골적인 반감이 섞여

---

\* 詹英佩,〈中國普洱茶古六大茶山〉, 雲南出版集團, 2005

있다.

이런 이야기도 있다. 망지차산의 한 마을에 큰 사라나무가 한 그루 있었다. 나무가 어찌나 큰지 날씨가 좋을 때는 그림자가 의방 오문(午門)을 가렸다. 그런데 이유 없이 의방 토사 집의 말과 소가 계속 죽어나가는 일이 생겼다. 풍수가에게 물으니 망지차산의 큰 사라나무 때문이라고 했다. 의방 토사가 몰래 사라나무 가지를 잘라버렸다. 그때부터 그 마을은 쇠락했다. 그 마을이 바로 마포붕이 살던 곳이었다.**

---

** 詹英佩, 《中國普洱茶古六大茶山》, 雲南出版集團, 2005

# 보이차 한 통은 7편,
# 운남차법이 생기다

PU'ER
TEA

　보이차 한 통은 7편이다. 7이 행운의 숫자라서? 아니다. 7은 서양에서나 행운의 숫자이지 중국에서는 처량맞다는 의미의 처(悽)와 발음이 같아서 피하는 숫자다. 중국 사람들은 6자와 8자, 9자를 좋아한다. 중국 말에서 6은 일이 잘 풀리는 것을, 8은 부자가 되는 것을, 9는 장수하는 것을 의미한다. 그렇다면 보이차 한 통은 왜 7편이 되었을까? 보이차 7편을 한 세트로 한 것은 청나라 때, 1735년부터였다. 청나라 때는 나라에서 발급한 허가증을 가진 상인만 차를 취급할 수 있었다. 허가증 1장으로 보이차 1백 근을 취급할 수 있었다.

　그런데 1735년 이전까지 보이차는 정해진 모양이 없었다. 잎차는 부피도 많이 차지하고 이동하는 동안 많이 부서졌기 때문에 이

단점을 개선하기 위해 수증기로 쪄서 뭉쳤다. 보이차를 쪄서 뭉쳤다는 기록은 명나라 때부터 있었다. 그러나 그 시대 사람들은 찌고 뭉쳐서 부피를 줄이는 것만 생각했지 크기, 모양, 무게를 통일할 생각은 하지 못했다. 보이차 산업이 크게 발달하지 않았을 때는 그럭저럭 지나갔지만 규모가 커지자 이것이 상당히 불편한 문제로 대두되었다.

상인이 여러 마리 말에 차를 싣고 먼 길을 간다. 말 한 마리에 최대한 많은 차를 실었다. 비가 올지도 모르니 종려나무 껍질로 만든 덮개도 단단히 묶어놓았다. 그러다 검문소를 지나간다. 검문소를 지키는 관리는 허가증에 적인 차의 종류와 무게를 확인해야 하는데 말

부서지기 쉽고 부피가 큰 잎차를 단단하게 뭉치면 부피도 줄고 부서지지도 않는다.

지금도 보이차 7편을 한 세트로 묶어 죽순껍질로 포장한다. 오래된 전통이다.

등에 차를 실은 채로는 무게를 잴 수가 없으니 차를 전부 말에서 내려 일일이 무게를 재고 허가증과 대조했다. 문제가 없으면 다시 차를 싣고 검문소를 통과했다.

그런데 목적지까지 가는 동안 검문소가 한두 군데가 아니었다. 검문소를 거칠 때마다 이렇게 차를 내리고 무게를 재고 또 싣기가 여간 번거롭지 않았다. 상인들이 몰릴 때는 시간도 많이 지체되었다.

정부는 이 문제를 해결하기 위해 법률을 제정했다. 차의 모양이며 무게를 모두 통일하는 것이다. 그것이 바로 1735년에 제정된 '운남차법(雲南茶法)'이다.

구체적인 내용은 이렇다. 먼저 차는 외형을 둥근 모양으로 통일하

며 한 편의 무게는 7량으로 하고 다시 7편을 한 통으로 묶어서 포장
했다. 이렇게 하면 32통이 1백 근으로 떨어졌다.*

차의 무게를 통일한 후에는 일이 쉬워졌다. 검문소를 지날 때마다
차를 내리고 무게를 재고 다시 실을 필요가 없어졌다. 차를 말 등에
묶어놓은 채 몇 통인지만 세어보면 되었다. 일의 효율이 높아진 것
은 물론이고 상품의 규격이 통일되어 보기도 좋았다.

다만 당시 차가 어떤 모양이었는지에 대한 기록은 남아 있지 않
다. 만두 모양이거나 동그란 모양이었을 것이라고 추정만 한다. 그러
나 보이차 7편을 한 통으로 하는 전통은 오늘날까지 내려오고 있다.

---

* 사실 32통이 정확하게 1백 근은 아니었다. 당시 도량형으로 1근은 약 590그램이었고, 1량은 36.875그램
이었다. 7량은 258.125그램, 1통은 1,806.875그램, 32통은 57,820그램이었다. 1백 근(59킬로그램)에서
조금 빠지는 수치다.

# 차산으로 몰려온 석병의 한족들

PU'ER
TEA

1752년, 1753년, 1766년, 1768년에 잇달아 라오스, 미얀마인들이 서쌍판납을 공격했다. 이때 의방 토사였던 조당재가 노구를 이끌고 전장에 나가 활약했다. 적들을 물리치기는 했지만 차산 소수민족 주민들이 입은 피해는 돌이키기 힘들 정도로 심각했다. 차산 주민들은 집과 차나무를 버리고 도망쳤다. 주민들이 없으니 당장 세금도 걷히지 않고 부역도 못 시키고 진상 차도 못 만들었다.

이 모든 일을 책임지는 이무 지역 소수민족 관리들은 도망간 주민을 데려오는 대신 석병(石屛)으로 갔다. 석병은 육대차산보다 북쪽에 있는 곳으로 일찍부터 한족이 들어와 살았다. 게다가 이 지역은 인구 증가로 곤란을 겪고 있는 상황이었다.

소수민족 관리들은 석병 사람들에게 이런 제안을 했다.

"여기서 서쪽으로 가면 차가 많이 나는 곳이 있소. 밥 먹던 젓가락을 꽂아도 나무가 자랄 정도로 비옥하오. 특히 그곳은 차가 잘되어 노력만 하면 잘 먹고 잘살 수 있소. 지금 거기 살던 소수민족 열에 아홉이 자기 땅과 집을 버리고 도망가서 텅 비어 있소. 본래 소수민족의 땅을 이주자에게 헐값에 팔겠소. 거기 가서 황무지도 개간하고 차나무도 심을 사람은 신청하시오."

석병에서 가난하게 살던 사람들이 혹했다.

"도망갔던 소수민족이 돌아와서 내 땅, 내 집이니 다시 내놓으라 하면 어쩝니까?"

"나라에서 등기를 해주겠소. 그러면 저들이 돌아와도 권리를 주장하지 못할 것이오."

"그러면 가볼 만하겠습니다."

관리는 속으로 '됐다'고 생각했다. 그리고 일을 더 간단하게 처리하기로 했다.

"먼저 10가구만 신청받겠소. 이무(易武), 마흑(麻黑), 만수(灣秀), 만별(蔓別) 등지에 1가구씩 배치할 테니, 앞으로는 각 마을에 들어간 1가구가 대표가 되어 석병에서 신청인을 모집하시오. 차라는 게 원래 노동이 많이 드는 일이오. 주변 친척, 친구들 불러다 같이 땅 개간해서 차나무 심고 같이 잘 사시오."

차산으로 간 사람들은 정말 성공했다. 먼저 들어가서 자리잡은 사람들이 성공한 것을 보고 석병 사람들이 육대차산으로 몰려갔다. '서쪽으로 가자'는 것이 당시 석병 사람들의 유행어였다고 한다.

이무 등지로 들어온 한족들은 버려진 다원을 손보고 차나무를 심고 차를 만들고 운송했다. 정식 거주자가 되어 세금도 내고 부역도 했다. 이로써 관리들의 문제가 해결되었다. 석병 사람들은 선진 농업기술도 가지고 들어왔다. 원래 소수민족들은 차나무를 가꾸지 않아 생산성이 높지 않았다. 한족들은 차나무의 가지를 치고 뿌리 쪽 땅을 엎어주었다. 방치한 채 잎만 따던 시절에 비하면 생산성이 대폭 향상되었다. 특히 가지치기는 생산성 향상에 도움이 많이 되었다.

사람 수가 많아지자 그들은 같은 지역 사람들끼리 모여서 제사도 지내고 회의도 하고 모임도 갖고 임시로 차도 보관하고 숙박도 할 수 있는 장소를 곳곳에 마련했다. 그런 곳을 회관이라고 했는데. 이무에 있는 보이차박물관도 본래는 석병 사람들이 만든 석병회관이었다.

# 가지치기

**가지치기를 하지 않은 차나무**(왼쪽)**와 가지치기를 한 차나무**(오른쪽)

운남 남나산의 오래된 차나무와 이무의 신식다원에 심겨진 차나무들
이다. 한쪽은 키가 크고 한쪽은 작다. 식물 중에 키가 높이 자라는 나무
를 교목이라고 한다. 소나무, 밤나무가 교목이다. 진달래나 치자나무
처럼 키가 작은 나무들은 관목이라고 한다. 이 기준으로 보면 위 사진
의 왼쪽 차나무는 교목이고, 오른쪽 차나무는 관목인 것처럼 보인다.
그러나 사실은 둘 다 교목이다. 키가 큰 것이 교목이고 작은 것이 관목
이라면서 왜 오른쪽 키가 작은 나무가 관목이 아니고 교목이라는 것일
까? 바로 가지치기 때문이다. 본래 운남의 차나무 품종들은 다 키가 크
다. 오른쪽도 본래는 키가 큰 나무였는데 가지치기를 해서 키를 작게
만든 것이다.

본래 식물은 가지를 자르면 그 자리가 갈라지며 가지가 두 개가 된다. 가지가 많아지면 잎도 그만큼 많이 달린다. 차나무는 잎을 이용하는 작물이니 가지를 쳐서 잎이 많이 달리면 효용이 높아진다. 사진의 두 나무를 비교해 보면 가지치기를 하지 않은 왼쪽 나무는 가지도 많지 않고 잎도 별로 없다. 오른쪽 가지치기를 한 나무는 가지도 무성하고 잎도 많이 열렸다.

가지를 쳐서 나무 키를 작게 하면 잎을 따기도 쉽다. 운남 차나무는 가지치기를 하지 않으면 키가 건물 몇 층 높이까지 자란다. 이렇게 키가 큰 나무는 잎도 적게 달리지만 나무에 올라가서 잎을 따기도 힘들고 위험하다. 생산성 향상과 작업 효율성을 높이기 위해 차나무 가지치기를 한다.

맹해다엽연구소에서 보존하고 있는 차나무 샘플이다. 관목형 차나무는 운남 재래 품종이 아니고 외부 지역에서 가져다 심은 것이다. 교목형 차나무는 운남 품종이다.

# 보이차에 대한 여러 기록들

PU'ER
TEA

건륭 20년, 장홍(張泓)이 〈전남신어(滇南新語)〉에서 보이차에 대해 자세한 기록을 남겼다.

보이차 상품은 모첨(毛尖), 아차(芽茶), 여아차(女兒茶)가 있다. 모첨은 곡우 전에 딴 것으로 덩어리로 만들지 않는다. 맛이 연하고 향기가 연꽃 같다. 새로 딴 찻잎은 색이 연녹색으로 예쁘다. 아차는 모첨보다 조금 더 자란 뒤 따고 덩어리로 만든다. 2량, 4량이 표준인데 운남 사람들이 귀히 여긴다. 여아차는 아차의 일종이다. 곡우 후에 따는데, 1근부터 10근까지 덩어리로 만든다. 이민족 여자들이 혼수품을 사기 위해 잎을 따고 차로 만들어서 돈으로 바꾼 뒤 모으기에 이런 이름이 붙었다.

고급 보이차에 모첨, 아차, 여아차가 있다고 했다. 모첨은 곡우 전에 따서 잎차로 만들고, 아차는 모첨보다 조금 자란 뒤에 따서 덩어리차로 만든다. 여아차는 원료가 아차이고 역시 덩어리로 만드는데 여아차라는 이름이 따로 붙은 것은 이 차를 만든 사람들이 소녀들이기 때문이다.

본래 차 만드는 일은 노동력이 많이 필요하다. 그중에서도 차 따는 일은 사람을 많이 고용해야 한다. 그런데 일당을 주면 효율이 떨어졌다. 일을 열심히 해도 그 돈, 설렁설렁해도 그 돈이라면 굳이 열심히 할 사람이 없는 것이다. 차산 주인들은 인부들의 자본주의 본성을 이용했다. "너희들이 하루 잎을 얼마를 따든 반을 삯으로 주겠다." 사람들이 그때부터 눈에 불을 밝히고 잎을 땄다. 소녀들은 삯으로 받은 찻잎을 팔아서 혼수품을 장만했다. '여아차'라는 이름은 여기서 유래했다고 한다.

건륭 30년인 1765년 조학민(趙學敏)이 〈본초강목습유(本草綱目拾遺)〉에 보이차의 효능에 대해 썼다.

보이차는 맛이 쓰고 성질이 강하다. 기름진 음식의 느끼함, 소고기, 양고기 독을 없앤다. 허한 사람은 마시면 안 된다. 쓰고 떫다. 가

111

래를 삭히고 기를 아래로 내린다. 창자를 긁어 배설이 잘되게 한다.

맛이 쓰고 성질이 강해서 기름진 음식을 먹어 느끼한 것, 쇠고기 양고기 독을 없앤다는 것이다. 조학민은 청나라 때 사람이다. 청나라를 세운 사람들은 한족이 아니라 여진족이다. 여진족은 과거에도 강력하고 큰 나라를 세웠다. 금나라(1115~1234)다. 금나라는 송나라(960~1279) 북쪽에 있었다. 몽고족이 세운 원나라에 둘 다 망하기 전까지 송나라와 금나라는 줄곧 대립했고 많은 전쟁을 치렀다. 그들은 북방의 유목민답게 날쌔고 지칠 줄 모르는 말을 많이 갖고 있었고, 그런 말로 기병대를 조직해 송나라 수도까지 쳐들어와 쑥대밭을 만들어놓고 가곤 했다.

그런 와중에도 금나라와 송나라는 무역을 계속했다. 송나라는 금나라가 필요로 하는 물건을 갖고 있고, 금나라는 송나라가 필요로 하는 물건을 갖고 있으니 어쩔 수 없는 일이었다. 금나라가 가장 절박하게 필요한 물건은 차였다. 그들이 사는 지역은 추웠고 초원이 많아서 사람들은 가축을 데리고 풀을 따라 이동하며 살았다. 농사를 짓기 힘들었기에 주로 가축을 먹고 가축의 젖을 마셨다. 그들도 티베트 사람들이 그랬던 것처럼 불균형한 식단으로 인한 질병에 시달렸다. 차를 마시면 질병이 완화된다는 것을 알고 나서 차에 몹시 의존했다.

당시 유일하게 차를 만들 수 있는 나라는 송나라였다. 그러나 송나라는 적대국이 아닌가. 차를 가져오고 말을 주면 송나라 군대가 자기들이 준 말을 타고 전장에 나왔다. 금나라 정부는 나라의 재부로 적대국을 이롭게 한다며 백성들이 차를 마시지 못하게 금지령을 내리기도 했다. 그러나 금지령도 소용이 없었다. 금나라 백성들은 놀랄 정도로 많은 양의 차를 소비했다.

북송을 멸망시키고 본래 북송의 땅이었던 곳을 차지한 금나라 황제는 생각했다. '이곳은 본래 우리가 살던 지역보다 따뜻하니 차나무를 심고 차를 직접 만들자.' 그러나 그 땅도 차나무가 잘 자라기에는 여전히 추웠다. 부실하게 자란 차나무 잎으로 차를 만들면 맛도 없고 비용도 많이 들어서 상인들이 취급하기 싫어했다. 결국 금나라 황제는 차 국산화 정책을 포기했다. 못내 아쉬웠는지 '그래도 차나무는 베지 말고 두라'고 했다.

세월이 흘러 청나라를 세운 여진족은 중원으로 들어와서도 쇠고기, 양고기 등 기름진 음식을 많이 먹었다. 육식으로 인한 느끼함과 독을 없애는 데 쓰고 강한 보이차가 제격이었다. 이 때문에 청나라가 들어서면서 보이차는 큰 인기를 누렸다.

# 매카트니 사절단, 보이차를 맛보다

1793년 대영제국의 조지3세가 중국에 사절단을 보냈다. 사절단 단장은 조지 매카트니(George McCartney)였다. 2년 전에 치렀던 황제의 80세 생신에 참석하지 못했기 때문에 뒤늦게 예방하는 것이라고 했다. 하지만 진짜 목적은 기존의 개항지 외에 개항지를 더 늘리고 관세를 낮추고 조계지 설립을 허락해 줄 것을 요청하려는 것이었다. 영국인들은 황제의 환심을 사기 위해 천구의, 지구의, 천문관측 계기, 화포와 총칼 등의 무기, 담요와 안장, 운동기구, 망원경, 모형 선박 등 19종을 선물했다. 지금은 별것 아닌 것으로 보일지 몰라도 당시에는 지구상에서 과학이 가장 발달한 나라만 만들 수 있는 것들이었고 건륭 황제로서는 본 적도 없는 물건들이었다.

황제는 사절단의 제안을 거절했다.

"우리 천조(天朝)에는 없는 것이 없으니 외국에서 무엇을 수입할 필요가 없다. 다만 너희 양인들이 우리의 차, 자기, 비단이 없으면 살지 못한다 하니 광주(廣州)에 양행(洋行)*을 허락해 주었다. 이것만 해도 하늘 같은 황제의 은혜이니 영국 국왕은 주인의 은혜에 감사할 줄 알라."

사실 영국 사절단이 중국 황제를 만나기 전에 작은 충돌이 있었다. 중국 신하들은 황제를 알현할 때 두 무릎을 꿇고 이마를 땅에 9번 박으며 절을 했는데, 영국 사절단도 이렇게 하기를 원했다.

"미얀마 왕도 황제를 보러 오면 이렇게 하오. 당신들도 그렇게 해야 형평이 맞소. 당신들이 절을 하지 않으면 미얀마 국왕이 당신들은 예의도 모른다고 웃지 않겠소? 바지가 불편해서 다리를 못 구부리겠다면 우리 식으로 옷을 맞춰드리겠소."

영국 사절단이 중국 황제를 만났을 때 중국식으로 절을 했는지 영국식으로 절을 했는지는 정확하게 알려져 있지 않다. 중국은 중국식 절을 했다 하고 영국은 영국식 절을 했다고 한다. 확실한 것은 중국 황제가 영국 사절단에 매우 화가 났고 그들의 요청을 모두 거절했다는 것이다. 본래 사절단이 중국에 도착해 황제를 만나기 위해 북경으로 이동할 때는 가는 곳마다 융숭한 대접을 받았다. 지역 관리들

---

* 공행(公行)이라고도 했다. 청나라는 외국 상인과의 무역 거래에서 관세를 직접 징수하는 것이 비효율적이라고 생각해 상인들의 조합인 양행을 만들었다. 양행은 외국과 무역을 할 수 있도록 특허를 받은 상인들의 조합이었다. 이들은 무역 독점권을 갖는 대신 관세를 대리로 징수해서 나라에 납부했다.

이 나와 산해진미를 대접하고(영국 사절단은 그 산해진미를 무척 좋아했다고 한다.) 좋은 차를 내왔다. 영국 사절단은 매우 만족했다.

그러나 돌아가는 길에는 그런 대접이 없었다. 게다가 그 시절 영국을 가리키는 중국식 표현이 '영길리(英吉利)'였음에도 불구하고 황제가 내린 서한에는 각 글자에 입 구 자(口)가 하나씩 붙어 있었다. 개가 짖는다는 의미를 가진 글자도 앞에 입 구 자가 붙어서 폐(吠)라고 쓴다. 영길리의 각 글자 앞에 입 구 자를 붙인 것은 '개 짖는 소리를 하는 작자들'이라는 노골적인 표현이었다.*

역대 중국 황제는 주변국에서 조공 받은 것보다 훨씬 많은 답례를 하는 것이 당연하다고 생각했다. 그래서 영국 사절단의 요구는 들어주지 않았지만 갖가지 진귀한 선물을 하사했다. 사절단이 황제를 접견할 때, 연회에 참석할 때, 극을 관람할 때마다 황제의 후한 선물이 내려졌다. 선물 목록에 차가 많았다. 총 27회 중 15회에 걸쳐 차가 선물 목록에 포함되었다. 보이차 단차(團茶) 124개, 여아차 34개, 차고(茶膏) 26갑, 전차 28개, 육안차 48병, 무이차 24병, 이름을 기록하지 않은 차 32병으로 보이차의 수량이 절대적으로 많았다.

명나라 말에 사조제가 〈전략〉이라는 책에서 '운남에 차가 없는 것은 아니나 운남 사람들이 차 만들 줄 몰라서 마시면 풀비린내가 난다. 그래도 물 마시는 것보다는 낫다'고 형편없는 평가를 한 것이 1620년이었다. 200년도 채 되지 않은 기간 동안 보이차는 중국 변

---

*喩大華, 〈評說道光皇帝〉, 中國工人出版社, 2017

방의 소수민족들이 마시는 형편없는 차에서 황제가 외국 사신에게 선물하는 고급차가 되어 있었다. 황제가 선물한 보이차는 종류도 다양했다. 크고 둥글게 뭉친 단차, 차를 고아서 만든 차고, 벽돌 모양으로 만든 전차, 어린잎으로 만든 여아차 등이었다. 사절단의 부단장 조지 스탠튼 훈작이 〈중국출사기(中國出使記)〉라는 글에 선물로 받은 보이차에 관한 글을 남겼다.

차는 잎으로 된 것이 아니었다. 접착제 물을 찻잎에 섞어서 공처럼 만든 것이었다. 중국에서는 이렇게 공처럼 생긴 차가 가장 고급이라고 한다. 그러나 우리 영국 사람들이 보기에 이 차는 중국 사람들이 늘 마시는 차보다 못한 것 같다. 그런 차들은 더 먹기가 편하다. **

스탠튼은 보이차에 대해 잘 몰랐던 것 같다. 황제가 준 차가 뭉쳐진 것은 차에 들어 있는 팩틴***이라는 성분이 접착제 역할을 했기 때문이지, 차에 진짜 접착제를 풀어서 만든 것이 아니었다. 이런 차는 단단하게 뭉쳐진 것일수록 고급으로 쳤다. 뭉친다고 뭉쳤는데 잎이 잘 뭉치지 않아 흩어졌다면 가짜 차일 가능성이 높다. 스탠튼은 보

---

** 楊凱, 〈號級古董茶事典〉, 五星圖書, 2012
*** 팩틴은 차나무 잎에 본래 있는 화학성분의 일종으로 접착성이 있다. 차를 유념하고 나면 손에 달라붙는 것도 잎의 세포조직이 파괴되면서 속에 있던 팩틴 성분이 흘러나왔기 때문이다. 보이차를 가공할 때는 팩틴이 또 한 번 중요한 역할을 한다. 즉 모차를 증기에 쪄서 긴압하면 단단하게 뭉치는데, 이때 잎이 뭉쳐진 상태로 유지되는 것이 천연 접착제 역할을 하는 팩틴 덕분이다.

이차를 잘 몰라서 황제의 선물을 높이 평가하지 않았지만, 당시 보이차가 어떻게 생겼는지 알 수 있는 좋은 정보를 남겼다.

스탠튼이 말한 공처럼 뭉친 차는 이렇게 생겼을 것이다. 박과 같이 생겼다 해서 '과차'로도 불린다. '과'는 '박'이라는 뜻이다.

청나라 때 완복(阮福)은 운남성과 귀주성을 다스리는 관리인 운귀
총독으로 임명받은 아버지 완원(阮元)을 따라 운남으로 갔다. 그의
나이 25세 때였다. 그의 아버지는 우리나라 추사 김정희 선생이 스
승으로 삼은 금석학의 대가이자 뛰어난 학자이며 훌륭한 관리였다.
(추사의 호 완당(阮堂)은 완원의 완(阮) 자를 본딴 것이라고 한다.) 이때는 황제가
영국에서 온 사절단에 보이차를 잔뜩 선물로 안겨준 때로부터 30여
년이 지난 시기였다. 완복은 북경에 있을 때부터 보이차에 관심이
있던 터라 운남에 와서 보이차를 연구했다. 그리고 그 내용을 〈보이
차기(普洱茶記)〉라는 책에 정리했다.

완복은 〈보이차기〉에서 '병배차(拼配茶)'를 언급했다. 병배차는 여러 종류의 찻잎을 섞어서 만든 차다. 완복은 '상인의 손에 들어간 후에는 겉은 가늘고 속은 거친 차를 쓰니 이를 개조차(改造茶)라 한다'고 했다. 겉에는 좋은 잎을, 속에는 안 좋은 잎을 넣어서 만든 보이차를 개조차라 한다는 뜻이다. 어감을 보면 완복이 병배차를 좋게 생각하지 않았던 것 같다.

병배차에 대한 인식은 줄곧 좋지 않았다. 완복이 〈보이차기〉에서 병배차에 대해 떨떠름하게 말하고 거의 80년이 지난 1908년에는 이런 일이 있었다. 〈호급골동차사전〉에 나온 이야기다. 의방차산에서 차를 만들던 생산자 송인호(宋寅號), 원창호(圓昌號) 차장이 도매상 제춘차행(際春茶行)과 천신차행(天申茶行)에 보이차를 팔았다.

제춘차행은 다시 사천성에 있는 소매 차상들에게 차를 넘겼다. 그런데 차를 받아 판매하던 소매 차상들이 제춘차행을 고소했다. 이 차가 포심차(包心茶)라는 것이 이유였는데 포심차는 속에 거친 잎을 넣고 겉은 좋은 잎으로 싼 차를 가리킨다. 완복의 표현으로 말하면 '개조차', 요샛말로는 병배차인 것이다. 이때까지만 해도 병배차에 대한 인식이 안 좋고 판매하기도 힘들었다는 것을 알 수 있다.

# 차 세금에 관한 기록, 이무 단안비

PU'ER
TEA

2006년 이무에 처음 갔을 때 마을 중심에 있는 학교 운동장 한편에 몹시 낡은 건물이 있었다. 200년 전에 이무에 들어와 차 사업을 하던 석병 사람들이 세운 석병회관이었다. 관우를 모셨기에 관제묘라고도 했다. 2006년 당시 관제묘는 너무 낡아서 여기저기가 떨어져나간 상태였다. 본래 붉은색이었는지 검은색이었는지조차 모를 정도로 낡은 벽에 '철거예정'이라고 쓰여 있었다. 관제묘 안에 높이 147센티미터의 꽤 크고 웅장한 돌비석이 서 있었다. 이 비석을 '단안비(斷案碑)'라 부른다. 단안비란 판결문을 새긴 비석이라는 뜻이다. 대체 어떤 판결이었길래 비석까지 세운 것일까?

비석을 세운 사람은 장응조(張應兆)다. 그가 비석을 세운 1838년은 석병 한족이 이무에 들어온 지 80년이 지나고 있는 때였다. 석병에서 온 사람들은 소수민족이 버리고 간 땅을 헐값에 샀고 차나무를 심고 가꾸며 차를 만들어 팔았다. 세금도 내고 공차도 만들어 바쳤다.

그러나 석병 사람들과 지방 관리들 사이에 갈등이 많았는데, 관리들이 차에 세금을 지나치게 많이 부과하는 것이 주요 원인이었다. 세금이 과도하다고 생각한 장응조가 이무 관리 오정영(伍廷榮)에게 세금을 내려달라고 요청했다. 하지만 오정영은 이를 받아들이지 않고 오히려 장응조의 두 아들을 구금했다. 장응조는 상급기관인 보이부에 오정영을 고발했다. 보이부에서 이 안을 심의하고 차 세금을 내리라는 판결을 내렸다. 장응조는 시간이 지난 후에 또 이런 일이 일어날까 걱정해서 판결문을 비석에 새겨서 석병회관에 세웠다. 이

철거 직전의 이무 관제묘

관제묘를 철거하고 새로 짓는 보이차박물관

사건을 통해 가난을 면하려 석병에서 이주해 왔던 한족들이 이제 이무에서 자리를 잡고 현지의 관리와 생긴 갈등을 상급기관의 도움을 받아 해결할 정도로 세력이 커진 것을 알 수 있다.

여기에서 눈에 띄는 것은 단안비 사건이 일어난 1838년까지 이무에 차를 만드는 차장(茶莊)이 없었다는 것이다. 차장은 완제품 차를 만들고 운송까지 맡아서 하는 사업체를 가리킨다. 그런 차장으로 송빙호, 동경호 등이 있었다. 이런 차장이 언제 처음 등장했는가는 보이차계의 관심사였다. 나중에 이무에 송빙호, 동경호 등의 차장이 생긴 후 사람들은 송빙호 사장 누구누구라고 불렀다. 단안비에 나오는 장응조는 차장 이름 없이 그냥 장응조다. 이때까지 이무에 차장은 없었던 것이다.

관제묘에 있던 단안비는 보이차박물관으로 옮겨졌다.

이무에서 완제품 차를 만들지 않았다면 장응조 등은 무슨 차를 만들고 있었을까? 그들은 모차만 만들었다. 모차는 생찻잎을 따다 솥에 덖고 유념하고 햇빛으로 말린 차다. 중국 말 '모(毛)'에 가공이 덜 되었다는 뜻이 있다. 아스팔트를 깔지 않은 흙길은 '모로(毛路)', 아직 완성되지 않은 원료를 '모료(毛料)'라고 한

육대차산 중 하나인 이무 차산의 모습. 이무의 일부 다원들은 청나라 때 조성되었다.

다. 중국인들은 '모차'라는 이름을 들으면 이것이 완성된 차가 아니라 원료 차라는 것을 금방 안다.

당시 장응조 등은 원료 차를 만들어 사모로 보냈다. 사모에서 원료 차를 단단한 덩어리차로 가공해서 북경, 티베트 등지로 보냈다. 즉 이무는 원료 생산지, 사모는 집산지 겸 가공지 역할을 했다.

홍콩 사람들은 보이차를 무척 좋아한다. 한국 사람이 김치를 좋아
하듯 홍콩 사람은 보이차를 좋아한다는데, 보이차가 홍콩에 전파된
것은 두문수(杜文秀) 때문이라고 할 수 있다. 두문수는 회족(回族)이었
다. 글공부를 열심히 해서 14살에 수재(秀才)가 되었고, 16살에 생원
(生員)이 되었다. 게다가 차 가게를 운영해 상당한 이윤까지 창출했다.

　순조롭게 흘러갈 것 같던 그의 인생은 1845년에 일어난 한 사건
으로 역사의 소용돌이 속으로 빨려들어갔다. 사건의 시작은 한족 아
이와 회족 아이의 싸움이었다. 회족이 경영하던 은광을 노리던 한족
들이 이것을 꼬투리 삼아 회족 마을 50곳을 풍비박산 냈다. 관원이
한족 지주들이 만든 향파회(香把會)라는 조직을 몰래 성으로 들여보

냈고, 향파회는 성에 살던 회족 8천 명을 거의 다 죽였다.

두문수가 북경에 억울함을 호소했으나 향파회 조직원 몇 명이 죽고 관원이 좌천되거나 해임되는 것으로 사건이 마무리되었다. 재난에서 살아남은 사람들은 본래 거주지에서 200리나 떨어진 산골짜기로 강제이주당했고, 그들이 남기고 간 재산은 다른 사람들이 차지했다.

다시 11년이 흘러 1855년이 되었지만 한족과 회족의 갈등은 여전히 골이 깊었다. 어느 날 곤명 인근의 회족 은광을 한족이 무력으로 점령하는 사건이 일어났고, 두 민족 간에 목숨이 오가는 싸움이 벌어졌다. 싸움이 곤명 부근까지 번지자 운남순무(巡撫)*는 곤명 성 안팎에 거주하는 회족을 모두 죽이고 운남 각지의 각급 관청에 '800리 내에 거주하는 회족을 모두 죽이라'는 명령을 내린다.

1856년, 더이상 견디지 못한 두문수가 봉기를 일으켰다. 1천 명의 군대를 거느리고 운남 북쪽 대리성(大理城)으로 출격해 정부군을 단숨에 격퇴하고 대리성을 점령했다. 내처 운남성의 53개 성을 차지했다.

두문수는 백성들의 세금을 경감하고 상업을 장려하고 광산을 개발하고 당시로서는 최신 기술인 염색 공업을 육성했다. 대리 삼월가(三月街)에 각지 상인들이 몰려들었는데 고려인삼을 파는 상인까지 있었다고 한다.

---

*당시 운남에서 제일 높은 관리

1867년, 두문수의 군사 20만 명이 곤명성(昆明城)을 포위했다. 곤명 사람들은 성문을 걸어 잠그고 나무껍질과 풀뿌리를 삶아 먹으며 버텼다. 그런 대치 상태가 2년이나 지속된 후, 두문수의 20만 군대는 청나라 정부가 보낸 지원군에 거의 섬멸되고 말았다. 그는 패잔병을 데리고 대리성으로 도망쳤다. 1872년, 두문수는 아끼던 공작의 배를 가르고 담을 꺼내 독약과 함께 먹었다. 그의 가족 108명도 자살했다. 청나라 군대는 죽은 그의 목을 베고 성에 있던 회족을 모두 죽였다.

두문수의 봉기는 보이차에 치명적인 손해를 입혔다. 봉기가 계속되는 동안 운남 곳곳이 전란에 휩싸였다. 당시 보이차의 집산지 역할을 하던 곳은 사모였는데, 이곳도 전란으로 봉쇄되었다. 육대차산에서 만들어진 차들이 티베트나 곤명으로 나가지 못해 보이차 운송과 판매에 막대한 지장이 생겼다. 1870년 운남 북부 여강부(麗江府)에서 티베트로 들어간 차에 걸은 세금이 79냥 5전 2푼이었다. 차 12톤이 안 되는 양이다. 1661년 티베트에 정식으로 차를 공급한 이래 최저치였다.

그러자 육대차산 차 상인들은 남동쪽으로 고개를 돌렸다. 육대차산에서 라오스와 베트남은 지척이었다. 상인들은 라오스와 베트남으로 보이차를 가져갔고, 보이차는 그곳에서 홍콩, 마카오, 동남아의 화교들에게 팔려 나갔다. 그후 육대차산의 차 산업은 몇십 년간 제2

의 전성기를 맞았다.

차산 소수민족들은 토관에 구운 차를 즐겨 마신다. ⓒ余霜

이무로 이주한 한족들은 소수민족이 버리고 간 땅에 차나무를 심었다. 처음에는 원료 차를 만들어서 사모에 팔았지만 세월이 흐르는 동안 완제품 차까지 만들었다. 이렇게 완제품 차를 만들고 운송까지 하던 사업체를 차장*이라고 한다. 그런 차장들 중에 오늘날까지 이름이 알려진 곳은 동경호(同慶號), 동흥호(同興號), 동창호(同昌號) 등이다. 이들 차장에 대해 알아보자.

### 동경호

동경호가 언제 세워졌는가에 대해서 논란이 많았다. 대만 사람 등

---

* 개인이 운영하는 제다소는 '차장', 대규모 공장식 제다소는 '차창'이라 한다.

시해는 〈보이차〉에서 '동경호는 1736년에 세워졌다. 여러 차장 중에서 역사가 가장 오래되었다'고 했다. 그러나 한족은 1736년에 아예 차산에 들어가지도 못했다. 차가 필요한 상인들은 사모의 총차점에서 구입해야 했다. 육대차산에 한족이 들어간 것은 1750년 이후의 일이다. 한족이 이무에 들어가서 차나무를 심고 차를 만든 지 한참이 지나서도 차장을 열지는 않았다. 1838년 세워진 단안비에도 차장에 대한 언급이 없다.

1999년에 발간된 〈이무인물보〉에 따르면 '동경호'를 처음 세운 유순성(劉順成)은 1841년 석병에서 태어났다. 등시해가 동경호가 세워졌다고 말한 1736년에 유순성은 아직 태어나지도 않았던 것이다. 그는 젊을 때 석병을 떠나 이무로 가서 몇십 년 동안 차산을 개간하고 차농을 모집하고 다원을 조성했다. 그의 아들 유계광(劉葵光)은 1866년에 태어나 아버지 유순성의 뒤를 이어 동경호를 운영했다. 이미 보이차계에서 동경호의 설립연도가 등시해가 말한 때보다 훨씬 이후라는 데 이견이 없다.

예전에는 둥글고 납작하게 만든 보이차(당시에는 원차라고 불렀다) 7편을 한 세트로 해서 죽순 껍질로 쌌다. 그것을 1통이라고 했다. 차장 사장들은 보이차 1통에 생산자의 상호와 차를 설명하는 짧은 글을 담은 종이를 한 장씩 넣어두었다. 그 종이를 통표(筒票)라고 했다. 동경호 통표는 두 종류가 있다고 알려져 있다. 용과 말이 그려진 '용마동경호'와 사자 두 마리가 그려진 '쌍사자동경호'다. 등시해는 〈보

등시해의 <보이차>에 실린 동경호 통표. 용마동경호(왼쪽), 쌍사자동경호(오른쪽)

이차>에서 '용마동경호'가 '쌍사자동경호'보다 먼저 생산되었던 제품이라고 했다.

그런데 이 용마동경호가 '방품'이라는 주장이 있다. 그런 주장을 하는 근거가 무엇인지 들어보자.

첫째, 통표의 인쇄 상태가 너무 좋다. 그에 비하면 쌍사자표 도안이 훨씬 상태가 안 좋다. 둘째, 통표 제일 마지막에 나오는 '동경노호계(同慶老號啓)'라는 말도 매우 의심스럽다. 우리말로 풀이하면 '동경 노호 알림'이라는 뜻인데, 여기 들어가는 '노(老)' 자가 문제다. 동경호가 둘 있는데 하나가 먼저 있었고 하나는 나중에 있었다면 '동경

호', '동경신호'라고 쓰지 '동경노호', '동경호'라고 쓰지는 않을 것이
다. 셋째, 용마동경호 내비(內飛)*에 '탕색이 붉다'는 말이 나온다. 모
든 호급보이차** 중에 '탕색이 붉다'고 표현한 것은 동경호가 유일하
다. 이 때문에 '붉은 탕색'이라는 표현은 보다 후대에 보이차 탕색이
'붉은' 것이 좋다고 생각한 시대의 사람이 쓴 것이 아닐까 추측하는
사람들이 있다.

## 건리정, 송빙호

1856년에 일어난 두문수의 봉기는 운남 전체를 흔들었다. 석병이
두문수의 군대에 위협을 받자 석병 사람들은 황급히 도망을 나왔다.
도망 나온 그들이 향한 곳은 육대차산이었다. 육대차산은 두문수의
군대가 미치지 않아서 안전했고, 반은 한족이 관리하고 반은 소수민
족이 통치해서 생활하기도 편했다.

이때 석병에서 의방으로 피난한 사람들이 속속 차장을 열었다. 이
무중학교 선생님이자 보이차 연구가인 고발창(高發昌)에 따르면 석
병에서 온 송씨 두 명이 송인호(宋寅號)와 송빙호(宋聘號)를 세웠고,
강서성에서 온 조개건(趙開乾)이 건리정(乾利貞)을 세웠다. 건리정은
1865년 이전에, 송빙호는 1868년 이전에 세워진 것으로 보인다.

---

\* 생산자의 정보와 차에 관한 간단한 설명이 쓰인 작고 네모난 종이다. 생산자가 긴압할 때 찻잎 속에 넣어두
면 긴압 후에 찻잎 속에 묻힌다. 찻잎 속에 묻힌 내비는 빼내기가 어렵다. 내비는 위조를 방지하기 위해 고안
해 낸 방법이었다.

\*\* 동경호, 동흥호 등 옛날 차장은 이름이 주로 '호' 자로 끝났다. 그래서 이들 차장에서 만든 차를 '호급보이
차(號級普洱茶)'라고 한다.

후에 건리정과 송빙호 사장은 사돈 사이가 됐다. 1940년대 보이차 사업을 했던 마정상(馬貞祥)은 문화혁명 때 쓴 '자아비판서'에서 과거 이무에서 만들었던 차들 중에 최고의 상품은 송빙호라고 했다.

오늘날 송빙호 차는 종종 경매에서 천문학적인 가격에 낙찰된다. 2016년에 홍표송빙호(紅標宋聘號) 1편이 한화로 4억 3천만 원, 남표송빙호(藍標宋聘號) 1통이 14억 7천만 원에 낙찰됐다. 홍표송빙호는 내비가 붉은색, 남표송빙호는 파란색이다. 일반적으로 홍표송빙호를 전기, 남표송빙호를 후기 제품이라고 한다. 남표송빙호는 2년 뒤인 2018년 홍콩 경매에서 20억 원에 낙찰되었다. 입이 떡 벌어지는 어마어마한 가격이다. 그런데 이렇게 비싼 송빙호가 사실은 방품이라는 말도 있다. 20억 원을 주고 송빙호를 구입한 사람은 결코 믿고 싶지 않은 이야기겠지만 우리는 이해당사자가 아니니 편안한 마음으로 왜 가짜라고 하는지 들어보자.

남표송빙호 내비

남표송빙호 내비에는 '운남송빙호보차정부입안상표(雲南宋聘號普茶政府立案商標)'라고 쓰여 있다. 입안상표는 등록상표 정도로 이해하면 되겠다. 문제는 '보차정부'다. '보차정부' 등록상표라는데 '보차정부'가 어디일까? 청나라 때부터 중화민국 시대를 통틀어서 상표를 관장하는 기구 중에 '보차정부'라는 곳은 없었다. 송빙호가 생산됐던 이무에도 과거 제육행정분국(第六行政分局), 진월현정부(鎮越縣政府) 등이 있었지 '보차정부'는 없었다. 아무래도 중국 사정에 아주 밝지는 않은 사람이 만들어낸 이름이라는 혐의가 짙다.

게다가 이무 향장을 역임했던 장의(張毅)가 쓴 〈이무향다엽발전개황(易武鄕茶葉發展概況)〉에 따르면 건리정과 송빙호 사장은 사돈이 된 후에도 상표는 따로 썼다고 한다. 그러니 굳이 내비에 '건리정송빙호'라고 같이 이름을 쓸 이유가 없다는 것이다.

또 한 가지, 당시 이무에서는 내비에 나무 도장을 찍었다. 남표송빙호의 내비는 나무 도장으로 찍은 것치고 너무나 깔끔하고 상태가 좋다.

## 보삼호

보삼호(寶森號)는 1871년 곤명에 세워진 차장이었다. 보삼호 이전에 곤명에는 차장이 없었다.* 보삼호는 차국(茶局)이라고도 불렸다. 여러 차장 중에 보삼호를 특별히 소개하는 이유는 이름 때문인데, 본래 '국(局)'은 '관청'에 붙는 말이다. 그렇다고 보삼호가 정식 관청

---

* 청나라 때 차 생산과 유통 시스템에 차를 가공하고 운송하는 차장, 차를 저장하고 도매를 담당하는 차행(茶行), 차 소매를 담당하는 차포(茶鋪), 전통극을 보며 차를 곁들여 마시는 차루(茶樓)가 있었다. 이 넷의 업무는 엄격하게 구별되었다. 본래 차장은 차를 만들고 운송까지만 했지 소매로 차를 판매하지는 않았다. 그런데 보삼호는 달랐다. 보삼호는 차장과 차포를 동시에 경영했다.

은 아니었다. 관청의 역할을 겸해서 하는 차장이었다. 보삼호 차국
에서 한 일은 나라에 진상하는 공차를 만드는 것이었다. 중화민국 시
기에 출간된 〈내가 아는 것을 기록한 글〉이라는 책에 다음과 같은 내
용이 있다.

공차는 보삼 차장 사람이 경비를 들고 보이로 내려가 원료를 선
별해 만들었다. 이것은 가장 연한 차다. 차가 곤명에 도착하면 보삼
차장에서 기술자를 불러 가공한다. 차를 다시 찌는데, 잎이 부드러
워지면 큰 방차(方茶)*, 작은 방차를 만들고 표면에 동그란 국(局)자
를 새겼다. 그밖에 완정하고 매끈한 칠자원차(七子圓茶), 오자원차
(五子圓茶)**도 만들었다. 완성된 차를 도독(都督)의 관아로 호송했다.

청나라 초에는 운귀총독과 운남순무가 이 일을 담당했다. 시간이
흐르자 나라는 경비를 대고 관리감독만 하고 실질적인 업무는 개인
차장이 했다. 요즘 식으로 하면 조달청 일을 수주받은 셈이다.

나라에 진상하는 차를 만들었으니 보삼호는 차 업계에서는 발언
권이 셌다. 보삼호 사장 이해(李偕)는 종구품(從九品) 벼슬까지 받았
다. 이 벼슬은 과거에 합격해서 받은 것이 아니라 차 사업을 하면서
받은 것이다. 종구품은 청나라 관직체계에서 가장 낮은 말직이지만

---

\* 정사각형의 차를 가리킨다.
\*\* 한 세트가 7편인 원차와 한 세트가 5편인 원차. 원차는 둥글고 납작한 차다. 오늘날에는 병차라고 부르
고 1973년 이전에는 원차라고 불렀다.

차 사업 덕분에 종구품 벼슬을 받은 사람은 그가 유일했다.

보삼호는 사업이 잘되었다. 차장을 세운 1871년으로부터 40년 가까이 지난 1909년 8월에는 북경에 분점도 냈다. 2년 간 운영한 결과는 매우 성공적이었다. 이해는 사위와 동업하여 상해(上海), 한구(漢口)에 분점을 내는 등 공격적인 경영을 펼쳤다. 그러나 이 동업도 결국은 삐걱대기 시작했다. 사위가 자기 가족들을 경영진에 끌어들이고 이해의 아들들을 배척하며 갈등이 깊어졌기 때문이다. 몇 년 후 사돈이자 동업자였던 두 집안은 헤어졌다.

### 동창호

이무 신시가지에서 옛 마을로 올라가는 경사로에 동창호(同昌號) 옛집이 있다. 무척 낡고 작은 집이지만, 동창호는 진사를 배출한 집안이었다. 동창호 사장 황가진(黃家珍)의 동생 황석진(黃席珍)이 무과 진사에 급제했다. 황석진이 무과 진사가 된 후에 황씨 집안은 이무에 집을 많이 짓고 집 앞에 사자상을 세웠다. 사자는 집안에 무장(武將)이 있다는 의미였다. 지금 이무에 있는 동창호 옛집 대문 양옆에 돌사자가 있었다고 하는데, 지금은 없어졌다. 황석진은 석병, 곤명 등지에서 벼슬을 살았고, 황가진은 차를 만들었다. 동창호는 황가진의 아들 황문흥이 물려받았다.

두문수의 봉기로 중국 내륙 시장으로 통하는 길이 막히자 이무의 상인들은 동남아시아와 홍콩 시장을 개척하는 데 주력했다. 이들은

이무에 있는 동창호 옛집

건기가 되면 1년 간 만든 차를 싣고 베트남의 라이까이와 라오스의 풍사리로 팔러 갔다. 베트남 라이까이에는 화교들이 운영하는 상회가 많았다.

황문흥도 베트남으로 차를 팔러 다녔다. 이들은 말이나 노새에 차를 싣고 가서 올 때는 천을 염색할 수 있는 쪽물이나 당시 베트남을 식민 통치하던 프랑스의 물건을 사 왔다. 황문흥은 베트남 처녀도 데려왔다. 처녀는 예쁘고 상냥했다. 둘은 금슬이 무척 좋았다. 두 사람은 집 앞 돌사자상을 받치는 기단석에 부부가 마주앉아 정겹게 차를 마시는 장면을 새겨넣었다.

부부가 마주앉아 차를 마시는 장면을 새긴 기단석. 지금은 보이차박물관에 보관되어 있다.
조각이 매우 정교하고 보존상태도 좋다.

둘이 차 마시는 모습을 돌에 새겨 집 앞에 둘 정도로 부부 사이가
좋았지만 백년해로하지는 못했다. 황문홍은 아내를 남겨두고 일찍
죽었다. 국민당의 비리를 견디다 못한 이무 사람들이 폭동을 준비할
때, 무기를 구입하러 갔다가 국민당에 발각되어 죽임을 당했던 것이
다. 그후 그의 부인은 온갖 고생을 하다가 맹해로 내려가 재혼했다
고 한다.

### 경창호

운남성 묵강(墨江)은 간장으로 유명한 지역이다. 묵강 간장은 멀리

태국 등 동남아 국가에서도 인기가 많았다. 묵강에서 간장집으로 시작해서 거부가 된 사람들 이야기를 해보자.

마씨이고 회족인 그 집안의 1850년 이전 이력은 알려져 있지 않다. 두문수의 봉기 때 12살이던 마원무(馬原武)만 빼고 전가족이 몰살을 당한 것 같다는 추측도 있다. 12살 소년 마원무로부터 마씨 집안이 새로 시작되었다. 마원무는 자라서 결혼을 하고 아들을 셋 두었다. 보통 회족은 농사보다는 장사에 뛰어난데 이 마씨 집안도 그랬다. 그들은 묵강에서 간장을 만들었다. 간장 사업으로 돈이 모이자 마방(馬幇)으로 사업을 확장했다.

마방은 말에 화물을 싣고 배달하는 운송업자다. 마방은 매우 거칠고 위험한 사업이었다. 도로가 발달하지 않아 운송 자체가 고됐다. 깎아지른 절벽길도 가야 하고 성난 파도를 일으키며 달려가는 강을 철사줄에 의지해 건너다 말과 사람이 떨어져 죽는 일이 많았다. 사회가 불안정해서 토비들도 많았다. 토비를 만나면 물건은 물론 말도 사람도 죽고 다치는 일이 많아 무장을 하고 다녀야 했다. 그러나 한편으로는 마방은 잘만 하면 큰돈을 모을 수도 있는 사업이었다. 마원무 집안의 사업도 불붙은 듯이 잘됐고 사업 품목도 다양해졌다. 그중 하나가 보이차였다.

마원무 집안도 1938년 차장을 세우고 경창호(敬昌號)라는 상표를 썼다. 얼마 동안은 모차만 취급했고 원차는 1941년부터 만들었다. 원료는 강성, 이무 등지에서 수매했다. 후발주자인데다 품질이 떨어졌기 때문에 경창호 차는 홍콩에서 좋은 값을 못 받았다. 당시 홍콩에서 제일 비싼 차는 송빙호였고 다음은 동경호, 동흥호였다. 경창호가 차를 잘 만들자 점차 홍콩에서 인지도가 생겨 동경호, 동흥호 뒤를 이어 3위까지 올라갔다.

경창호는 호급보이차라는 기차가 종착역에 도달

경창호 차의 통표

하기 한두 정거장 전쯤에 올라탄 격이었다. 그래도 보이차로 큰돈을 벌었다. 한마디로 기회를 잘 잡았는데 그 기회는 전쟁과 함께 찾아왔다. 중일전쟁이었다.

전쟁으로 미얀마, 베트남으로 가는 길이 봉쇄되자 차장들은 속속 차 생산을 멈췄다. 그러나 경창호는 달랐다. 그들은 차장들이 전쟁 전에 만들었다 팔지 못하고 쌓아둔 차를 마구 사들였다. 영세한 차장이라면 상상도 못 할 일이었다. 그들은 자금력이 막강했다. 경창호의 보이차 사업은 그럭저럭했으나 그 집안은 운남에서 몇 손가락 안에 꼽히는 부자였다. 그렇게 사들인 차를 전쟁이 끝날 때까지 몇 년 동안 창고에 저장해 두었다. 그들은 전쟁 뒤를 내다봤다. 몇 년 간

141

홍콩에 전혀 차가 들어가지 못했으니 전쟁이 끝나면 전보다 몇 배 비싼 값으로 팔 수 있을 것이라 생각했다.

드디어 전쟁이 끝나자, 경창호는 그간 모아두었던 차를 트럭에 싣고 홍콩에 인접한 광동으로 가서 막대한 이문을 남기고 팔았다. 돌아올 때는 운남에서 비싸게 팔리는 물품을 싣고 와 또 몇 배 이문을 남기고 팔았다. 그들이 했던 수많은 사업들 중에서 정말 큰돈을 벌었던 거래였다고 한다.

그러나 그들의 좋은 날도 오래가지 못했다. 공산당 정권이 들어섰기 때문이다. 공산당 정권에서 과거 자본가였던 경창호 식구들은 큰 고난을 당했다. 경창호의 운영을 맡았던 마씨 집안의 셋째 아들은 멀고 황량한 곳으로 보내져 노동교화를 당했다. 가족들에게 겨울에 입을 솜옷 한 벌만 보내달라고 부탁했지만 끝내 솜옷을 받지 못했다. 그의 아내와 자식들도 철을 제련하고, 댐을 쌓고, 바다를 막은 곳에서 농사를 짓는 곳으로 보내졌다. 솜옷을 보내달라는 전갈은 받았지만 보내줄 솜옷이 없었다. 공부를 잘했던 애들도 학교에 가지 못하고 공장으로 갔는데 거기서도 출신성분이 안 좋아서 차별을 받았다. 그래도 이 집 식구들 중에 죽은 사람은 없었으니까 운이 좋은 편이었다고 할 수 있다. 노동교화를 가거나 온갖 노동에 동원되었다가 어이없이 죽은 사람도 많았다. 그들의 명예는 1980년대에 회복되었다.*

---

* 李旭, 〈茶馬古道上的传奇家族〉, 中華書局, 2009

신루트 개발로
전성시대를 맞이한 맹해차

# 맹해차의 전성시대

PU'ER
TEA

육대차산으로 한족들이 몰려가 보이차 산업을 일으키는 동안 난창강 건너 맹해 지역은 조용했다. 그곳은 토사들의 땅이었고 한족과는 왕래가 거의 없었다. 1923년 티베트로 통하는 신루트가 개발되면서 한족들이 맹해 지역으로 몰려갔다. 1930년대 맹해에는 수십개의 개인 차장과 운남성에서 세운 차창이 있었다. 중국다업공사도 맹해에 차창을 건설했다. 오랜 세월 풍토병과 호랑이 등 맹수만 부글거리던 맹해는 순식간에 들끓는 냄비처럼 활기를 찾았다. 처음으로 맞은 맹해차의 전성시대였다.

NATURE · ORGANIC
pu'er
tea
NATURE · ORGANIC

# 맹해에 입성한
## '항춘 차장'

맹해현은 운남성 서쌍판납주에 있다. 육대차산이 있는 맹랍현과는 난창강을 사이에 두고 있다. 오늘날은 맹해 지역에서 명차가 많이 나오지만 1910년까지만 해도 이 지역은 외부에 거의 알려지지 않았다.

육대차산에 비하면 맹해는 매우 낙후했다. 대문 밖에 호랑이와 표범이 다니고 풍토병도 많았다. 한족 상인들은 맹해에 가려면 관부터 짜놓아야 한다며 들어가기를 꺼려했지만, 더러 맹해에 들어오는 한족 상인들이 있었다. 그들은 소금을 지고 들어와 모차와 바꾸어 사모, 경곡, 대리 등지에 가져다 팔았다. 그들은 맹해에 잠깐 왔다가 얼른 갔다.

어느 날 맹해 토사의 조카가 맹차(勐遮) 토사와 손을 잡고 맹해로 쳐들어왔다. 맹해에 들어와 있던 한족 상인들이 다 죽고 단 한 명, 장당계(張鏜階)만 살았다. 그는 차리선위사*에게 도망갔다.

차리선위사는 모든 토사 중에 지위가 가장 높았다. 그래서 토사들끼리 전쟁이 났을 때 차리선위사가 나서서 중재를 하면 보통은 해결됐다. 그러나 이번에는 상황이 달랐다. 전쟁 초기에 차리선위사가 보낸 군대가 참패했다. 다급해진 차리선위사가 상급 기관인 보이부에 군대를 보내달라고 요청했다. 그러나 아무리 기다려도 대답이 없었다. 그 사이 맹차 토사와 맹해 토사의 조카는 잔인한 도륙을 자행했다. 애가 탄 차리선위사에게 장당계가 말했다.

"아무래도 편지를 누가 낚아채 간 것 같습니다. 편지를 새로 써서 다른 길로 보내는 것이 어떻겠습니까?"

새 편지는 보이부에 제대로 전달되었다. 차리선위사의 편지를 받은 보이부는 즉각 가수훈(柯樹勳)을 파견했다. 가수훈은 본래 운남과 베트남 국경인 하구(河口) 지역을 지키던 군인이었다. 가수훈 군대의 활약으로 반란군이 진압되었다. 그런데 반란이 평정된 뒤에도 가수훈은 맹해를 떠나지 않았다. 가수훈은 이곳에 사보연변행정총국(思普延邊行政總局)을 설치했다. 1913년의 일이다. 가수훈은 사보연변행정총국의 국장이 되었다. 1927년에는 불해(불해는 맹해의 옛 이름이다)

---

* 차리선위사의 상급은 보이부에 파견 나온 황제의 신하였다. 백성 위에 토사, 토사 위에 토사의 왕인 차리선위사, 그 위에 보이부가 있었다. 청나라 초 옹정 황제가 구상했던 대리통치 방식이 여전히 쓰이고 있었다.

현이 세워졌다. 현이 들어섰다는 것은 이 지방이 완전히 중앙의 통치체계에 흡수되었다는 것을 의미했다.

토사들은 어떻게 됐을까? 청나라 초 토사의 땅에 정부가 쳐들어가 토사들을 죽이고 관리를 파견하는 과정에서 많은 살상과 부작용이 있었다. 가수훈은 생각했다. '토사를 무력으로 토벌하면 피치 못하게 많은 피를 부를 수밖에 없다. 조금 늦게 가더라도 평화롭게 문제를 해결할 방법을 찾아보자.' 가수훈은 맹해의 토사제도를 유지했다. 토사는 여전히 넓은 땅을 소유하고 많은 재산을 가졌다. 대신 사보연변행정총국이 실시하는 현대적인 행정체계를 따라야 했다.

이 일이 장당계 같은 한족 상인에게는 아주 좋은 기회가 되었다. 토사가 다스릴 때보다 더 안정적으로 사업을 할 조건이 형성된 것이었다. 그래서 맹해에 한족이 세운 첫 번째 사업체가 들어서는데, 바로 장당계가 세운 항춘 차장(恒春茶莊)이었다. 그는 토사들의 전쟁을 종식하는 데 공헌을 했거니와 한편으로 미얀마 토사의 딸을 아내로 맞이했기 때문에 한족으로서는 처음으로 맹해 지역에서 차장을 열 수 있었다.

2007년에 곤명 부근의 차 공장을 사들여 가짜 차를 무더기로 만든 일당이 적발되었다는 기사가 났다. 가짜 차라 해도 차나무 아닌 다른 식물 잎으로 만든 것은 아니었다. 그들이 속인 것은 포장이었다. 자기들이 만든 차에 몇십 년 전에 만든 홍인, 황인과 맹해 차창에서 만든 차 포장지를 씌웠다. 공장 한켠에는 완성 차 수십 톤과 만들다 만 원료가 쌓여 있었다. 이 기사를 보고 요새는 상도덕이 땅에 떨어졌다며 개탄하는 사람들이 많았다. 그러나 과거라고 이런 일이 없었던 것은 아니다. 중국 역사상 차는 돈이 되는 산업이었기 때문에 밀수와 가짜 차가 언제나 문제였다.

1910년, 뇌영풍(雷永豐) 차장의 창시자 뇌봉춘(雷逢春)은 이렇게 한

탄했다.

상인들이 운남에 와서 우리 차를 사다 사천, 귀주, 북경 등지에
판매한다. 우리는 현지의 고급 원료를 써서 정성껏 차를 만들고 품
질에 비해 가격도 저렴하기 때문에 원근의 상인들에게 두터운 신
임을 얻었다. 그러나 근자에 교활한 자들이 품질이 열악한 가짜 차
를 만들어 뇌영풍이라는 이름을 붙여서 팔거나 ○영풍 이런 식으
로 뇌영풍과 얼핏 비슷한 이름을 붙여 반사이익을 얻고 있다. 이는
우리의 신용을 떨어뜨릴 뿐 아니라 영업실적에도 막대한 지장을
주는 일이다. 이 가짜 차들을 조사해 보니 그 원료가 진짜 찻잎이 아
니고 무엇인지도 모르는 나뭇잎인 경우도 있었다.

포장지를 속인 것이 아니라 아예 찻잎이 아닌 나뭇잎을 넣은 경우
다. 이런 일은 비일비재했다.

〈호급골동차사전〉에 이런 이야기가 나온다. 1913년 10월 20일
아침, 곤명에 있는 여러 차장 사장들이 한곳에 모였다. 모두 비장한
표정이었다. 그중 한 명이 입을 열었다.
"최근 우리의 도안, 상표를 베낀 차가 대량으로 시장에 유통되고 있
습니다. 사람을 풀어 알아보니 신춘호(新春號) 사장 단예천(段醴泉)이 이
일을 하고 있지 뭡니까. 먼저 경찰에 신고하고 신춘호를 덮칩시다."

여러 명이 신춘호를 덮치니 단예천과 그의 직원 황소재(黃小齋)가 한창 차를 만들다가 놀라 자빠졌다. 모차가 십여 자루 쌓여 있고 솥에서는 수증기가 올라오고 있었다. 긴압을 마친 차는 건조대에서 마르고 있었다. 경찰은 단예천이 그간 작성했던 작업일지를 찾았다. 어느 날은 장춘호(長春號) 차를 만들었고, 어느 날은 서풍호(瑞豐號) 차를 만들었다고 꼼꼼히 기록되어 있었다. 육합춘호(六合春號), 복기(福記), 송인호(宋寅號), 동경호 차 등을 만든 기록도 있었다.

본래대로라면 단예천 사건은 법원으로 넘겨져야 맞지만 상업 분야의 일이라며 운남성상회(雲南省商會)가 나섰다.

"이 차들은 무슨 원료로 만들었소?"

"저, 그것이 차루에서 먹고 버린 찻잎 찌꺼기하고 운남성 경곡과 귀주성에서 가져온 잎을 섞어서 만들었습니다. 찻잎 찌꺼기로 차를 만든 것은 잘못했습니다. 그러나 귀주성 잎을 가져다 차를 만든 것은 죄가 아니지 않습니까? 귀주성 차를 못 팔게 하는 것은 제 상업의 자유를 막는 불공정한 행위입니다."

이 정도로 자기 변호를 할 수 있었던 것을 보면 단예천이 무지랭이는 아니었는가 보다. 그의 말대로 그 시대에는 귀주성 잎을 곤명으로 가져다 보이차를 만드는 것이 불법은 아니었다.* 하지만 먹고 버린 잎을 모아서 차로 만든 것은 부도덕한 일이었다.

---

* 지금은 '지리적표시제품-보이차'에서 운남성에서 나는 차나무 품종의 잎으로 운남성에서 가공한 차만 보이차라고 규정한다. 지금 기준으로라면 귀주성에서 가져온 잎으로 만든 차는 보이차라 할 수 없다.

그런데 그의 직원 황소재가 단예천에게 불리한 증언을 했다.

"작년에도 가짜 차를 만들었는데, 먹고 버린 보이차와 물에 젖은 차, 곰팡이 난 차를 섞어서 차로 만들었습니다. 포장지에 사장님이 파 온 상표를 찍어서 외지 상인에게도 팔고, 곤명 상인에게도 팔았습니다."

운남성상회는 단예천에게 벌금 5원을 내고 기부금 100원을 내라고 판결했다. "단예천은 가짜 차를 만들고 귀주성 차를 곤명으로 가져다 파는 등 업계의 규범을 심하게 어겼으니, 앞으로 계속 영업을 하고 싶으면 원강(元江)에 다리를 놓는 데 100원을 기부하라." 단예천은 억울하다고 항소했다고 하는데, 항소 결과는 알려져 있지 않다.

# 원차를 밀어낸
# 고급 보이차 타차

PU'ER
TEA

　영창상(永昌祥)은 운남 북부 대리의 백족(白族) 상인 엄자진(嚴子珍)이 세운 무역회사였다. 영창상은 운남의 마약과 차, 사천의 생사(生絲), 티베트의 약재, 미얀마에서 들어온 서양물건을 취급했다. 취급 품목도 다양했고 운송 거리도 대단히 멀었다. 그때는 아직 운남에 철로가 없어서 그 먼 거리 운송을 모두 마방에 맡겼다.

　영창상이 처음에 사천으로 보낸 차는 모차였는데, 길이 멀고 험해서 찻잎이 많이 부서졌고 상품 가치가 떨어졌다. 이 문제를 고민하던 엄자진이 경곡(景谷) 지역에서 만든 아가씨차를 보고 무릎을 쳤다. 아가씨차는 찐빵처럼 동그랗게 뭉쳐진 덩어리차였다. '이것 참 기가 막히는 방법이구나! 우리도 잘 부서지는 모차를 바로 운송할

본래는 찐빵처럼 생겼던 차를 엄자진이 가운데 홈을 팠다.

것이 아니라 이렇게 단단하게 뭉치면 되겠구나!' 그러나 바삭바삭한 모차를 어떻게 하면 덩어리로 뭉칠 수 있는지 아무리 궁리를 해도 알 수가 없었다. 그래서 경곡으로 사람을 보내 모차를 수증기로 쪄서 부드럽게 만든 후에 덩어리로 뭉치는 법을 배워 왔다.

그러나 새로운 문제가 생겼다. 차가 속까지 잘 말랐는지 알 수가 없다는 것이었다. 덜 마른 차를 그대로 사천성으로 보내면 곰팡이가 피었다. 곰팡이 핀 차는 부서진 차만큼 상품성이 떨어졌다. 궁리 끝에 엄자진은 좋은 방법을 생각해 냈다. 차의 뒷면을 움푹 판 것이다. 이제 그가 만든 차는 찐빵 모양에서 밥그릇 모양이 되었다. 그 결과 통풍이 개선되어 차에 곰팡이가 피지 않았다. 엄자진이 경곡의 아가씨차를 변형해서 만든 이 차를 '타차(沱茶)'라고 불렀다. 타차는 사천성에서 대단한 인기를 끌었다.

엄자진은 또 한 가지 중요한 일을 했다. 좋은 병배차를 만든 것이다. 과거 보이차 소비자들은 한 가지 원료로 만든 보이차를 선호했고, 여러 원료를 섞어 만든 차를 '개조차'나 '포심차' 등으로 부르며 좋아하지 않았다. 소매 상인들은 도매 상인이 넘긴 차 중에 병배차가 있으면 고소도 불사했다.

그런데 엄자진이 만든 병배차를 받은 소매상이나 소비자는 고소하기는커녕 더 좋아했다. 엄자진은 여러 원료를 섞었지만 모두 예쁘고 맛이 좋은 고급 원료만 썼기 때문이다.

그는 타차의 윗부분에 봉경(鳳慶) 지역에서 나는 찻잎을 뿌렸다. 봉경은 그때까지만 해도 나무를 심은 지 얼마 되지 않아 차맛은 좀 거칠었지만 모양이 예뻤다. 속에는 중후한 맛이 나는 맹고(勐庫) 지역, 경곡 지역 찻잎을 섞어 넣었다. 나중에는 서쌍판납 지역 차잎을

티베트에 공급했던 긴차는 매우 거친 원료로 만들었고 버섯 혹은 심장처럼 생겼다. 손으로 비틀어 만든 손잡이가 있는 것이 특징이다.

송학패 상표. 소나무와 학이 그려져 있다.

넣었다.

엄자진이 만든 차는 승승장구한 데 비해 육대차산에서 만든 원차는 사천성에서 고전을 면치 못했다. 사천성 사람들이 원차보다 고급 원료를 쓴 타차를 훨씬 선호했기 때문이다. 결국 육대차산 원차는 사천 시장에서 퇴출됐다. 사천성 시장을 잃는 것은 중국 시장 전체를 잃는 것과 마찬가지였다. 사천성으로 간 보이차가 상해, 북경으로 운송되었기 때문이다.

그후 육대차산에서 원차를 만들던 상인들은 더욱 홍콩, 동남아 수출에 주력했다. 이 지역 사람들은 사천성 사람들과 달리 거친 잎으로 만든 차를 오히려 선호했다.

홍콩 사람들 말고도 거친 잎으로 만든 차를 좋아하는 사람들이 있었다. 티베트 사람들이었다. 영창상은 타차를 만들 때 골라낸 거칠고 굵은 가지와 큰 잎으로 긴차(緊茶)를 만들어 티베트에 팔았다. 사천성을 비롯한 중국 내지의 사람들, 홍콩 사람들, 티베트 사람들 모두 차를 좋아했으나 차를 선택하는 취향은 달랐다.

성공적으로 잘 운영되던 영창상은 공산당 정권이 들어선 후 중국다업공사운남성공사로 흡수되었다. 모든 재산은 국가로 귀속되었고 사람들은 국영 차 공장에 배치되어 일을 했다. 영창상에서 타차에 썼던 송학패(松鶴牌) 상표는 국영 하관 차창(下關茶廠)에서 흡수했다. 하관 차창에서 생산하는 타차는 아직도 이 상표를 쓴다. 1923년에 영창상에서 등록했던 상표니 거의 100년이 된 것이다.

장당계가 맹해에 차장을 세우고 10여 년이 지난 1923년에 큰 사건이 일어났다. 양수기(楊守其)라는 사람이 맹해에서 티베트로 가는 새로운 루트를 개발한 것이다. 양수기가 이 루트를 개발하기 전에 맹해차는 모차 상태로 사모로 보내졌고, 거기서 긴차로 가공되어 말에 실려 운남 북쪽 여강(麗江)으로 갔다. 여강에서 티베트의 수도 라싸까지 가는 데 100일이 걸렸다. 길은 험하고 도적들이 많아서 마방들이 차는 물론 목숨까지 잃는 경우가 많았다.

양수기가 찾아낸 길은 운남 맹해에서 미얀마로 나갔다. 맹해에서 미얀마 켕퉁(Kengtung)까지 말로 6일이 걸렸다. 켕퉁에서 양곤(Yangon)까지 기차와 트럭으로 5일, 양곤에서 인도 콜카타(Kolkata)

까지 배로 3일, 콜카타에서 실리구리(Shiliguri)까지 기차로 2일, 실리
구리에서 티베트 국경 지역인 칼림퐁(Kalimpong)까지 하루가 걸렸
다. 맹해를 출발해서 17일이면 칼림퐁까지 간 것이다. 칼림퐁에 가
면 티베트 상인들이 내려와서 차를 사 갔다. 티베트 마방이 칼림퐁
에서 티베트 수도 라싸까지 가는 데도 18일밖에 걸리지 않았다. 운
남 북쪽으로 가면 100일이 걸리는데, 양수기가 개발한 루트는 35일

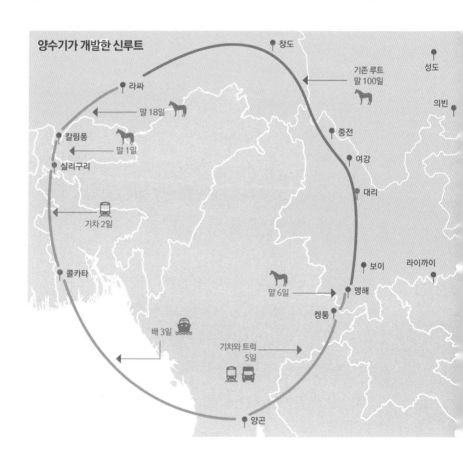

에 가능했다.

　전체 거리로 따지면 신루트가 더 멀지만 대부분 현대적인 운송수단을 이용하기 때문에 많은 양을 운반할 수 있고 도적떼나 험한 길에 물품과 사람을 잃을 위험도 없었다. 게다가 계절에 상관없이 움직일 수 있어 오히려 원가가 내려갔다. 운송이 편해진 덕에 보이차가 티베트 시장에서 경쟁력을 가질 수 있었다. 그러자 눈밝은 사람들이 맹해로 모여들어 차장을 열고 티베트 사람들이 좋아하는 긴차를 만들기 시작했다.

　양수기는 어떻게 이 루트를 개발했던 것일까? 그의 고향은 운남 북쪽 여강이었다. 1895년부터 1911년 사이에 티베트로 다니며 장사하는 여강 상인들이 많았다. 이 시기 가장 유명하고 규모가 큰 상호가 영취흥(永聚興)이었는데, 양수기의 아버지가 영취흥 티베트 지사장이었다. 양수기는 어려서 아버지를 따라 라싸에서 살았고 그 덕에 티베트 말도 잘했다.

　1912년에 청나라가 망하자 이 사건이 자국에 나쁜 영향을 미칠까 걱정했던 티베트는 외국인을 모두 추방했다. 영취흥도 라싸를 떠나야 했다. 20살의 양수기는 여기저기 떠돌다 인도에 정착해 미얀마 보석과 티베트 양모, 양가죽 등을 취급하는 일을 했다. 그러다 한 사람을 만났다. 그는 운남 출신으로 미얀마 왕실에서 근무하다 영국이 미얀마를 점령한 후 콜카타에서 살고 있었다. 그는 같은 운남 사람 양수기가 마음에 든다며 자기 딸과 결혼시켰다. 인도, 미얀마, 운남 상황을 잘 아는 양수기의 장인은 이 지역을 아우르는 루트를 개발할 것을 권했다. 몇 년 후 양수기는 투자자들을 설득해 맹해-미얀마-인도-티베트 루트를 개발했다.

안전하고 효율적인 루트가 비즈니스 감각을 갖춘 사람들을 불러들였고, 맹해는 보이차의 중심지가 되었다. 1910년에 1개였던 차장이 1938년에는 20개로 불어났다.

〈맹해현지〉에 이런 기록이 있다.

> 매년 (우기가 끝난 후) 겨울에 날이 좋을 때 여러 지역에서 온 수천 수만의 마방들이 맹해에 운집해서 여러 차장들의 차를 실어나르는데, 맹해에서 미얀마의 켕퉁까지 300여 리의 길에 장막이 구름처럼 들어차고 밥짓는 연기가 무럭무럭 나고 사람들이 고함치는 소리, 말이 우는 소리가 가득하여 변경의 황무지를 시끌벅적하니 떠들썩하게 만든다.

당시 맹해가 얼마나 호황을 누렸는지 알 수 있다. 맹해는 운남성 최대 규모의 다원을 갖고 있었다. 당시 전국에서 6톤 이상 차를 생산하는 현이 20개 이상이었는데 그중 생산량이 가장 많은 곳이 맹해현이었다. 맹해현은 600톤을 생산했다. 밀식도 하지 않고 재배기술도 몹시 뒤떨어진 당시의 기술 수준을 감안할 때 이 정도의 차를 생산하려면 800헥타르 이상의 다원이 있었을 것으로 추정된다.

신루트 개발 후 맹해에 차장을 여는 사람들이 많았다. 그들은 주로 긴차를 만들어 티베트에 판매했다. 그중 한 명인 주문경(周文卿)의 이야기를 해보자. 그는 어려서 부모를 잃고 온갖 직업을 전전한 끝에 사모 세무국에서 일하다 1914년에 2등 사무관 신분으로 관염(官鹽)을 들고 맹해로 들어갔다.

토사끼리 전쟁이 났을 때 정부가 전쟁을 진압하고 사보연변행정총국을 세운 것이 1913년이었다. 주문경은 거의 원년 멤버로 맹해에 들어간 셈이다. 그러나 막상 맹해에 와보니 소금값이 좋지 않았다. 주민들에게 소금을 팔아서 밑질 수도 있는 상황이었다. 반면 맹해산 생아편은 아주 쌌다. 그는 소금과 생아편을 바꿔 사모, 곤명 등지에 팔았다. 그렇게 몇 년 동안 아편, 소금, 차, 장뇌 등을 여기서 사서 저기로 파는 일을 했다.

주문경이 맹해에서 지낸 지 10년쯤 되었을 때 양수기가 맹해에서 티베트로 가는 새로운 루트를 개척했다. 이 루트를 통하면 몇십 톤, 몇백 톤의 차도 문제없이 운송할 수 있었다. 당장 등충(騰沖)에서 크게 사업을 하던 홍기(洪記) 차장과 사모에서 차 사업을 하던 항성공(恒盛公) 차장이 맹해로 왔다.

주문경도 1925년에 차장을 열었다. 차장 이름은 가이흥(可以興)이라고 지었다. 1927년에 원차 4톤, 긴차 14톤을 만들어 모두 홍기에 팔았고, 1928년부터는 홍기를 통하지 않고 직접 미얀마와 인도로 싣고 갔다. 주문경은 홍기를 찾아가 이런 부탁을 했다.

"우리 가이흥에서 만든 긴차를 인도로 실어가 판매하려 하는데, 인도에 있는 홍기 지점들에 부탁 좀 합시다."

"그럼요, 여부가 있겠습니까, 걱정하지 마시고 돌아가 계십시오."

홍기 사장은 인도 각 지점에 편지를 썼다. 그러나 주문경이 부탁한 내용은 아니었다.

"지금 가이흥이 직접 인도에 긴차를 팔려 하오. 가이흥 차가 많이 팔려서 우리에게 좋을 일이 없소. 여러분은 최근 인도에 가짜 긴차가 유입되었고 그 차를 마시면 복통이 일어난다고 소문을 내시오."

소문은 빠르게 퍼져나갔다. 며칠이 지나도 가이흥 차를 거들떠보는 사람이 없었다. 주문경의 직원들은 계속 찻값을 낮추어 판촉을 했다. 그러자 싼맛에 한두 개씩 사보는 사람들이 생겼다. 그들은 가이흥 차가 홍기 차와 맛은 같은데 가격은 훨씬 저렴한 것을 알았다. 그렇게 소문이 나서 겨우 차를 다 팔았다. 결산을 해보니 손해가 막심했다.

손해를 봤지만 주문경은 사업을 접지 않았다. 손님들이 생겼으니 가능성이 있다고 생각해 다음해에는 차를 더 많이 만들어 인도로 싣고 갔다. 작년에 차를 샀던 고객들이 친구까지 데리고 와서 차를 샀다. 이번에는 덤핑가격이 아닌데도 차가 잘 팔렸다. 주문경은 작년의 손해를 만회하고 영업이익도 냈다.

그렇게 몇 년이 지났다. 주문경의 차 사업은 잘 성장하고 있었다. 그러나 어려운 점도 많았다. 가이흥을 비롯한 작은 차장들은 인도까지 차를 싣고 가는 데 비용이 많이 들었다. 중국, 미얀마, 인도를 거치는 동안 행정적인 절차도 많았고 소, 트럭, 배, 기차를 옮겨 탈 때마다 차를 내리고 올리고 포장을 바꾸는 것도 힘들었다. 무엇보다 비용이 많이 발생했다. 돈이 없으니 인도 상인에게서 급전을 빌려 경비를 충당했다. 급전이라 이자가 매우 비쌌다. 차장 주인들은 하루라도 빨리 차를 팔고 싶어했다. 시간이 지체될수록 경비가 늘어나고 이자도 불었기 때문이다.

반면 홍기는 자금이 풍족해 경비 걱정을 하지 않았다. 인도, 미얀마를 식민통치하는 영국에 연줄도 많아서 온갖 복잡한 절차를 수월하게 통과했고, 각 도시마다 지점이 있어서 차를 기차와 배에 바꿔

신는 일이며 포장 바꾸는 일까지 다 했다. 그들에게 긴차 사업은 이미 벌여놓은 밥상에 숟가락 하나 더 얹고 누워서 떡 먹기처럼 쉬운 일이었다.

홍기는 비열한 방법을 썼다. 소규모 차장들보다 싼값에 차를 내놓는 것이다. 지금이라면 불공정거래에 해당하지만 당시는 그런 개념이 없었다. 소규모 차장들은 하루라도 빨리 차를 처분해야 할 입장이었다. 차가 팔릴 때까지 먹고 자는 데 드는 돈을 인도 상인에게 비싼 이자를 빌려 쓰고 있으니 시간을 끌면 끌수록 손해였다. 그들은 급한 마음에 아주 헐값에 차를 내놓았다. 이러니 소규모 차장 주인들이 손에 쥐는 돈은 얼마되지 않았다. 경비를 빼고 나면 밑지는 경우도 있었다. 홍기는 소규모 차장 사장들이 손을 털고 칼림퐁을 떠나면 다시 찻값을 올리고 느긋하게 팔았다.

주문경은 이런 불합리한 상황을 개선하고 싶었다. 그래서 친구 이불일(李拂一)과 의논했다. 이불일도 본래 공무원을 하다 맹해에 와서 차장을 연 사람이었다. 1930년에 차장을 열었으니 주문경보다는 후발주자였다. 그러나 두뇌가 명석해서 이 문제를 벌써 파악하고 해결책을 궁리하고 있었다.

"이형, 우리가 언제까지 저들의 횡포에 놀아나야겠소?"

"우리 소규모 차장들이 칼림퐁까지 차를 운반하는 비용이 많이 발생한다는 것이 문제 아니오?"

"그렇지요. 비용 문제만 아니라면 그렇게 서둘러 차를 떨어버릴 이유가 있겠소?"

"조합을 만들면 어떨까 하오."

"조합이 뭐요?"

"우리 소규모 차장들이 공동으로 차를 칼림퐁으로 운반하고 판매까지 하는 거요. 계산해 봤는데, 불해*에서 칼림퐁까지 차를 운반하는 데 100담 운반하나 300담 운반하나 비용은 거의 비슷하게 나옵니다. 조합원이 많을수록 비용은 더 내려갈 거고요."

"그것 참 좋은 생각이오. 그러면 작은 차장들은 차를 만들어서 조합에 주고, 조합이 대신 칼림퐁까지 가서 팔아준다는 것 아니오?"

주문경도 머리가 비상한 사람이라 이불일의 말을 대번에 알아들었다.

"그런데 조합 일은 누가 합니까?"

이불일이 말했다.

"우리가 합시다!"

이렇게 불해다업연합무역공사(佛海茶業聯合貿易公司)가 만들어졌다. 소규모 차장 사장들은 두말하지 않고 조합원으로 가입했다. 조합은 조합원의 차를 모아 칼림퐁에 가서 팔고 경비와 조합비를 뺀 이익금을 배당했는데 조합원이 직접 칼림퐁으로 갈 때보다 이익이 많았다. 조합이 맹해 차 산업 성장을 촉발시켰다. 차장이 더 생기고 차 생산도 늘었다. 이제 모차는 더이상 맹해를 벗어나지 않고 전부 현지에

---

* 맹해의 옛 이름은 불해다. 인용문이나 고유명사는 '불해'로 표기하고 그밖에는 현재의 지명을 따랐다.

서 가공되었다.

주문경의 사업은 착실하게 커갔고 돈도 많이 벌었다. 그는 맹해에 병원을 짓고 다리를 놓고 도서관을 지어 상해에서 책 1만 권을 구입해 비치했다. 전기회사와 은행을 운영하고 점포 31개가 딸린 상가를 짓고 거기서 들어오는 임대료를 교육사업에 썼다. 항일전쟁 때는 군자금으로 2만 5천 원을 내놓기도 했다. 평생 훌륭한 자본가의 모습을 보여준 주문경은 1952년에 죽었다.

# 가이흥 전차는 500그램인가?

주문경이 죽고 40년이 지난 뒤의 일이다. 대만 사람 등시해는 <보이차>에 가이흥 전차를 소개하며 이 차의 무게가 375그램이라고 했다. 그러나 1997년도에 출판된 <맹해현지>에서는 가이흥 전차가 '10량짜리'였다고 했다. 현재의 10량은 500그램이다. '처음에 500그램으로 만들었는데 몇십 년 지나면서 차의 무게가 줄어들어 375그램이 된 것이다. 보이차가 오래되면 무게가 줄어드는 것이 당연하지 않은가?'라고 말하는 사람들도 있다. 그러나 가이흥 전차가 만들어졌던 시절에는 10량이 347.5그램이었다. 등시해는 처음에 347.5그램이었던 차가 몇십 년 후에 오히려 375그램으로 늘어났다고 주장하고 있는 것이다. 그런 일은 물질세계에 있을 수가 없지 않은가? 아무래도 <보이차>에 실린 가이흥 전차는 주문경이 만든 가이흥 전차가 아닌 것 같다.

그러고 보니, 등시해는 <보이차>에 가이흥 전차의 원료가 육대차산 중 유락차산 원료라고 콕 집어서 적어놓았다. 그는 만든 지 몇십 년 지난 유락차산 차맛까지 알 정도로 대단한 미각을 가졌는가 아니면 자기 미각이 뛰어난 것처럼 보이려고 아무 차산 이름이나 적었는가 모르겠다.

可以兴砖茶

可以兴号

（二四）

可以兴砖茶

| | | | |
|---|---|---|---|
| 茶厂：可以兴茶厂 | 属包：糯纸竹箬竹篾 | 世纪：干世 | 茶香：野樟香 |
| 茶山：饮乐茶山 | 图字：无 | 陈期：70年 | 茶韵：旧韵 |
| 茶树：大叶种乔木 | 饼包：无 | 色泽：暗栗 | 味道：鲜略涩 |
| 茶青：3～5等 | 图文：无 | 气味：无 | 水性：活而滑 |
| 茶型：砖茶 | 内票：无 | 茶形：扁长 | 喉韵：回甘 |
| 规格：15cm × 10cm × 3cm | 内飞：纸 7cm × 7.5cm | 汤色：栗红 | 生津：舌面生津 |
| 重量：375g | 工序：生茶 | 叶底：深栗 | 茶气：刚 |

등시해는 <보이차>에서 가이흥 전차의 무게가 375그램이며 유락차산 원료로 만들었
다고 소개했다.

주문경의 좋은 친구였던 이불일에 대해서도 말해보자. 이불일은 본래 공무원이었다. 역사학자이기도 했는데 맹해 지역 역사를 연구하고 여러 권의 저서와 번역서를 남겼다. 남경(南京)에서 발행되는 잡지 〈신아세아〉의 편집자이기도 했다. 당시 맹해 지역에서는 가히 최고의 지식인이었다.

그는 맹해에서 가장 높은 관리였던 가수훈의 딸과 결혼했다. 그러나 장인 덕은 전혀 보지 못했다. 장인은 지나치게 청렴해서 장례비도 안 남기고 죽었다. 지방 하급 공무원의 박봉으로는 생계를 꾸리기가 힘들어서 돌파구로 맹해에 차장을 열었다. 본인은 공무원이라 차장은 아내 이름으로 냈다. 1930년이었다. 당시 맹해에 긴차를 만들어 티베트에 파는 차장이 이미 10여 개 있었다. 그가 연 '부흥 차장(復興茶莊)'도 긴차를 만들었다.

1938년 어느 날이었다. 운남성 정부가 이불일에게 임무를 하나 내렸다. 태국과 베트남에 가서 일본인들의 동향을 살피고 오라는 것이었다. 당시 중국은 일본과 전쟁 중이었다. 대치상황이 오래 지속되었고 일본은 베트남과 태국을 점령할 계획을 세웠다. 베트남과 태국은 운남성 바로 옆이니 일본이 이들 나라를 점령하면 운남은 전쟁에 휩쓸릴 가능성이 높았다.

이불일은 베트남과 태국에서 임무를 수행하던 중 한 가지 사실을 발견했다. 본래 커피를 많이 마시던 그 지역 사람들이 홍차로 소비를 바꾸고 있다는 점이었다. 그들이 마시는 홍차는 인도 시킴(Sikkim)에서 수입한 것으로 가격이 비쌌다. 긴차 만드는 차장 사장이기도 한 이불일에게는 매우 흥미로운 일이었다.

'지금 불해에서 긴차를 만들어 티베트에 대량으로 팔기는 하지만, 가격이 너무 싸서 박리다매로 이익을 맞추고 있다. 그런데 홍차는 이렇게 비싼 값에 거래가 되는구나. 만약 불해 지역 원료로 싸구려 긴차를 만들지 않고 비싼 홍차를 만든다면 어떨까? 불해 지역 원료 차는 저렴하지 않은가, 저렴한 원료로 비싼 차를 만들 수 있다면 그보다 좋은 일이 없겠다.'

이불일은 이 아이디어를 운남성 정부에 보고하기로 했다. 맹해에 홍차 만드는 공장을 세우면 좋겠다고 운남성 정부를 설득할 생각이었다. 그러려면 먼저 맹해가 어떤 장점이 있는지 설명해야 했다. 그래서 맹해와 인근 지역에서 연간 생산하는 차의 양, 품질, 차를 만드는 법, 포장하는 법, 운송하는 법, 차의 가격 등을 상세하게 썼다. 그 보고서가 〈불해다업개황〉이었다. 이 보고서에서 이불일은 이렇게 강조했다.

불해 지역 찻값은 이상할 정도로 저렴합니다. 이 원료로 홍차를 만들면 인도 시킴차의 반값에도 팔 수 있습니다. 상당한 경쟁력을 갖출 수 있는 것입니다. 불해 홍차를 유럽에 팔 수만 있다면 발전 가능성이 무한합니다.

# 1930년대 맹해에서 보이차 만들기

여기서 잠깐 이불일이 <불해다업개황>에 기록한 보이차 만드는 법을 살펴보자. 이불일은 모차 만드는 과정과 완성차 만드는 과정으로 나누어서 썼다. 모차를 만드는 방법은 다음과 같다.

> 찻잎을 따다 솥에서 덖고 대나무 채반 위에서 유념하고 햇빛에 널어서 말린다.

지금도 모차는 이렇게 만든다. 완전히 똑같다. 과거 농부들은 완성된 모차를 시장에 내다팔았다. 못 팔고 남은 모차는 대나무 바구니에 담아 쌓아놓고 상인들이 사러 오기를 기다렸다. 그런데 모차는 부피가 커서 바구니에 얼마 담지 못했다. 바구니도 사려면 돈이 들고 바구니 놓을 장소도 많이 차지했다. '어떻게 하면 바구니에 최대한 많은 차를 담을 수 있을까?' 하고 고민하던 그들이 찾은 방법은 모차에 물을 잔뜩 뿌리는 것이었다. 물을 머금은 모차가 축축하고 부드러워지면 바구니에 마구 우그려 담았다. 주먹으로 두드리고 몽둥이로 다지면서 차를 조금이라도 더 넣기 위해 애를 썼다.
그 시대는 아무래도 이불일이 말한 것처럼 찻값이 '이상할 정도로' 쌌기 때문에 농부들이 함부로 다뤘던 것 같다. 몇십 년이 지나 보이차가 고급차가 된 요즘은 모차를 저렇게 거칠게 함부로 다루는 것은 상상할 수도 없다. 지금 농부들은 모차를 커다란 비닐봉투나 자루에 담아서 고이고이 곱게 보관한다. 물도 뿌리지 않는다. 그래서 몇 달 동안 두어도 모차는 본래의 상태를 거의 유지한다.

그러나 물을 듬뿍 뿌리고 바구니에 다져 넣은 차는 달랐다. 나중에 바구니에서 꺼내보면 잎이 얼룩덜룩해져 있었다. 바구니에서 천천히 수분이 증발하면서 발효가 되었기 때문이다. 이불일은 얼룩덜룩 발효된 이 차를 '홍차'라고 썼다. 물론 우리가 아는 홍차와는 다른 차다. 이불일도 알고 썼다. 그는 이미 베트남과 태국에서 홍차를 보고 왔기 때문에 농민들이 함부로 만들어놓은 차가 실론산 '홍차'와 다르다는 것은 알았다. 그래서 '불해 차는 원료는 좋은데 가공이 열악하다'고 덧붙였다.

이렇게 얼룩덜룩하게 발효된 차는 바구니째 상인들에게 팔렸다. 상인들은 그 모차로 원차, 전차, 긴차를 만들었다. 원차는 둥글고 납작한 모양의 차, 전차는 벽돌처럼 네모나고 납작한 차, 긴차는 손잡이가 달려 버섯처럼 생긴 차였다. 원차와 전차를 만들 때는 바구니에 담은 찻잎을 꺼내 먼저 수증기로 쪘다. 차를 부드럽게 만들기 위해서였다. 뜨거운 수증기에 찻잎이 촉촉하고 부드러워 모양을 잡기 쉽게 변하면 긴압을 했다.

원차는 둥근 포대기에 담아 납작하게 눌렀고, 전차는 네모 틀에 넣고 눌렀다. 그늘에 건조하면 원차와 전차가 완성되었다. 모차에 물을 뿌려 바구니에 담을 때 발효가 된 것을 제외하면 추가로 발효를 진행하지 않았다.

특이한 것은 긴차였다. 긴차는 매우 거친 원료로 만들어서 티베트에 전문적으로 공급했던 것으로 당시 맹해에서 가장 생산량이 많았던 차다. 값은 그 어떤 보이차보다 저렴하지만 워낙 티베트에서 수요가 많아 상인들은 돈을 많이 벌었다. 긴차는 원차나 전차와는 다른 방법으로 만들었다. 발효를 한 번 더 했다.

잎을 발효시키는 방법은 역시 물을 뿌리는 것이었다. 앞에서는 농부들이 바구니에 모차를 많이 담기 위해서 어쩔 수 없이 모차에 물을 뿌렸지만, 긴차를 만들 때는 일부러 잎을 발효시키려고 물을 뿌렸다. 그렇게 하룻밤이 지나면 긴차로 가공했는데, 이때도 수분이 많아 한 번 더 발효가 되었다. 긴차는 이렇게 총 3회의 발효를 거쳤다.

마지막으로 긴차를 긴압할 때 썼던 천으로 만든 자루를 바로 벗기지 않고 몇십 일을 방치하면 긴차에 노란색 곰팡이가 피었다. '물을 그렇게 뿌리니 차에 곰팡이가 피지, 차 버렸구나'라고 생각할지 모르나, 아니다. 티베트 사람들은 특이하게도 노란색 곰팡이가 피어야 제대로 된 차라고 생각했다. 그래야 그들이 좋아하는 맛이 났다. 말하자면 맹해 사람들은 곰팡이를 피우기 위해 그렇게 열심히 물을 뿌려가며 발효를 시켰던 것이다.

그렇다고 티베트 사람들이 무조건 곰팡이가 핀 차를 좋아한 것은 아니었다. 그들은 검은곰팡이가 핀 차는 좋아하지 않았다. 나중의 일이지

긴차와 복전차에 발생하는 금화는 관돌산낭균의 포자집이다.

만 티베트 사람들은 운남에서 공급한 차에 검은곰팡이가 피었다고 반품시킨 일도 있었다.

긴차와 복전차는 모두 티베트에 대량으로 공급되었다. 복전차는 호남성에서 생산되는 벽돌 모양의 발효차다. 두 차의 공통된 특징은 금화(金花)가 피어 있다는 것이다. 금화는 차의 표면과 특히 속에 발생하는 미세한 노란색 알갱이인데, 이는 관돌산낭균이라는 곰팡이의 포자집이다. 금화가 생기게 유도하는 과정을 발화(發花)라고 한다. 긴차를 만들 때는 3회에 걸쳐 발효를 하고 긴압 후에 자루를 제거하지 않고 여러 날 방치하면 노란색 금화가 피었다. 복전차도 차를 긴압한 후에 온도 25~28℃, 습도 70~80%의 공간에 차를 저장해서 금화가 피게 한다.

두 차가 가공 마지막 단계에 이 과정을 추가한 것은 그렇게 만들어야 고객인 티베트 사람들이 좋아했기 때문이다. 티베트 사람들은 관돌산 낭균의 포자집이 부글부글한 차의 맛을 좋아했다. 과거 영국 사람들이 인도에 다원을 개발하고 차를 직접 가공하게 되었을 때 티베트 시장을 노리고 긴차를 만든 적이 있었다. 그들은 맹해 산 긴차를 본떠 모양은 그럴듯하게 만들었지만 발화의 비밀은 알지 못했다. 결국 그들이 만든 금화가 없는 긴차는 티베트 시장에서 퇴출되었다.

# 홍콩에서 인기를 끈 육대차산 차

PU'ER
TEA

과거 육대차산에서 만든 원차는 홍콩으로 많이 팔려갔다. 처음에는 두문수의 봉기로 중국 내지로 가는 길이 막혀서 새로운 출구로 홍콩을 선택했고, 1900년대 들어서는 고급 원료를 쓴 타차에 밀려나 홍콩으로 갔다. 중국 내지 사람들은 어린잎으로 만든 고급차를 좋아했고, 홍콩 사람들은 거친 잎으로 만든 저렴한 차를 선호했다. 육대차산 차와 홍콩 사람들의 취향이 딱 맞아떨어진 것이다.

| 종류 | 수량 | 가격 | 탕색 |
| --- | --- | --- | --- |
| 상등 하관타차 | 1통 3근 | 3원 50전 | 녹색 |
| 중등 하관타차 | 1통 3근 | 2원 90전 | 옅은 붉은색 |
| 하등 하관타차 | 1통 3근 | 2원 30전 | 붉은색 |
| 칠자원차 | 1통 5근 | 3원 10전 | 붉은색 |

출처 : <호급골동차사전>

〈표〉는 1948년에 작성된 장부의 내용이다. 타차와 원차를 수매하면서 수량, 가격, 탕색을 기록해 놓았다. 흥미롭게도 탕색이 차의 등급을 구별하는 기준이 되고 있다. 전반적으로 타차가 원차보다 비싸다. (원차 가격이 3원 10전이지만, 무게가 5근일 때 기준이다. 원차도 무게를 3근 기준으로 바꾼다면 1.86원밖에 되지 않는다. 가장 저렴한 하등 하관타차의 80%밖에 안 되는 가격이다.) 가격이 비쌀수록 탕색이 녹색이고 쌀수록 붉은색이다. 비싼 타차는 모차를 바구니에 함부로 우겨 넣지 않고 상태가 좋을 때 만들었고, 저렴한 차는 물을 듬뿍 뿌려 바구니에 우그러서 담아두었던 모차로 만들었던 것 같다. 바구니에 담긴 동안 발효가 되었고 그 결과 탕색이 붉어졌다.

이렇게 만들어진 원차는 오랫동안 홍콩으로 갔고 거기서 대중적인 인기를 끌었다. 홍콩은 차루가 발달했다. 차루는 딤섬과 함께 차를 마시는 곳이다. 차는 무료로 제공되었다. 무료인 만큼 홍차나 청차처럼 비싼 차는 제공할 수 없었다. 차루 사장들은 가장 저렴한 보이차를 제공했다. 더구나 보이차는 땀을 많이 흘리고 나서 마시면 갈증과 더위를 풀어주는 효과가 있어서 특히 육체노동에 종사하는 사람들이 좋아했다고 한다.

# 운남에서 중국 차의
# '권토중래'를 꿈꾸다

PU'ER
TEA

과거 몇천 년 동안 중국은 차에 관한 독점적인 기술을 갖고 있었다. 역대 중국 주변의 여러 유목민들이 차를 구하기 위해 중국에 아쉬운 소리를 했고 명나라, 청나라 때는 유럽시장이 중국 차에 열광했다. 그러나 좋은 날은 오래가지 않았다.

1826년 인도에서 야생차나무가 발견되자 영국 사람들은 인도에 차나무를 심기로 했다. 그들은 중국에서 차 씨앗과 묘목을 훔치고 차 만드는 기술자까지 몰래 데려갔다.* 영국은 공업혁명에 성공한 나라답게 차 만드는 기계를 개발했다. 중국 사람들은 지난 몇천 년 동안 생각해 보지 못했던 일이었다. 기계는 품질 좋은 차를 무서

*Rose S, 〈茶葉大盜〉, 孟馳 譯, 社會科學文献出版社, 2015

운 속도로 생산했다. 영국인이 만든 차가 세계 시장을 석권하는 것은 시간문제였다.

큰 위기가 닥쳤지만 중국은 아무것도 모르고 있었다. 사실 정신도 없었다. 중국은 아편전쟁 후 급격히 망해가는 와중에 영국에 전쟁 배상금을 물어주어야 했다. 가장 쉬운 돈벌이가 홍차를 만들어서 외국에 파는 것이었다. 이때 차를 취급했던 상인들은 나라의 불행을 기회로 삼아 반짝 큰돈을 벌었다. 나라가 풍비박산 난 뒤라 이미 도덕성을 상실한 상인들은 차를 매우 함부로 만들었다. 색깔을 좋게 하려고 차를 쪽물로 염색하고, 무게를 많이 나가게 하려고 톱밥을 넣기도 했다. 그 결과 국제시장에서 인도 차는 고급차, 중국 차는 저급한 싸구려차로 통했다. 1888년에 인도 차 생산량이 중국차를 앞질렀다.**

청나라가 망한 후, 국민당 정부는 차 문제를 심각하게 인식했다. 그리고 1937년, 중국다엽고분유한공사(中國茶葉股份有限公司, 이하 중국다엽공사로 약칭함)를 세웠다. 국민당 정부는 이 회사가 과거 중국 차의 영광을 되찾아오기를 고대했다.

그러나 그 계획은 시작부터 순탄치 못했다. 공사가 설립된 것이 1937년 5월 1일인데, 7월 7일에 일본이 중국에서 전쟁을 일으켰다. 중일전쟁(1937~1945)이었다. 몇 달 만에 중국 동쪽 해안의 여러 도시들이 함락됐다. 복건성, 절강성, 안휘성 등지의 전통 차 산지도 영향

***

**Alan Macfarlane, Iris Macfarlane, 〈茶葉帝國〉, 社會科學文献出版社, 2006

을 받을 수밖에 없었다.

중국다엽공사는 안전한 차 산지를 찾기로 했다. 동시에 그들은 전례가 없던 계획을 세웠다. 영국 사람들처럼 기계로 홍차를 만들기로 한 것이다. 그들의 눈에 들어온 것이 운남성이었다. 운남성은 전선에서 멀어 안전했다. 또 차나무도 많았고 교통도 편리했다. 베트남까지 기차가 연결되어 있었고, 미얀마로 나가면 영국이 닦아놓은 길도 있었다. 안전하고 원료 풍부하고 교통까지 발달된 곳이니 중국다엽공사 차 공장이 들어서기에 최적의 장소였다.

1938년 12월 14일, 중국다엽공사는 운남성과 합자해 운남중국다엽무역고분공사(雲南中國茶葉貿易股份公司, 이하 운남중국다엽공사로 약칭함)를 설립했다.

잎을 시들리고 있다. 살청 전에 적당히 잎을 시들리면 차의 맛과 향이 좋아진다. ⓒ신광헌

# 중국 최고 홍차 전문가 맹해에 오다

범화균(範和鈞)은 국비장학생으로 프랑스에 유학 가서 수학을 전공했다. 나라가 복잡하고 어지러워 장학금이 끊기자 생활비와 학비를 벌기 위해 일자리를 찾았다. 유학생 신분이라 작업환경이 열악하고 힘든 곳에 겨우 자리를 잡았다. 옻 가공품을 만드는 일이었다.

본래 중국은 6,000년 전에 옻을 가공했다. 박물관에서 한나라 때 화장품 합 세트가 전시된 것을 보았는데, 마치 어제 만든 것 같았다. 그러나 범화균이 프랑스에 유학하던 당시 중국에는 옻 가공 기술이 사라지고 없었다. 그는 이 일을 단순한 돈벌이로 생각하지 않고 열심히 연구하며 매달렸다. 이때 배운 기술로 훗날 그는 옻공예품 대가가 되었다. 여기서 어려운 일을 묵묵히 참고 뚝심 있게 밀어붙이는 그의 성격이 드러난다.

유학을 마치고 귀국한 범화균은 상해상품검역국에서 수출하는 차를 검역하는 일을 했다. 이 시기 그는 여러 권의 책을 썼는데, 〈홍차 발효에 관한 초보 연구〉, 〈실론의 홍차 제조와 이론〉, 〈자바, 수마트라의 차〉 등이었다. 책 제목을 보면 알 수 있듯이 그의 관심은 홍차에 집중되어 있었다.

1938년, 그는 중국다엽공사로 직장을 옮겼다. 중국다엽공사는 호북성 은시(恩施)에 실험 차창을 세웠다. 중국다엽공사는 이곳에서 기계로 홍차를 만드는 가능성을 실험했다. (그래서 이름도 실험 차창이다.) 당시 중국 최고의 홍차 전문가였던 범화균은 은시로 파견되어 기계 설비를 설계했다. 중국다엽공사는 다시 그를 맹해로 보냈다. 중국다엽공사는 맹해에 연간 5천 상자의 녹차와 홍차를 기계로 만드는 공장을 세울 계획이었다.

범화균은 먼저 미얀마로 갔다. 미얀마에서 이불일을 만나기로 약속되어 있었기 때문이다. 미얀마에는 차를 파는 상회가 많았다. 범화균은 이불일을 기다리는 동안 상회들을 조사하고 차 가격도 알아보았다. 인도로 넘어가 차 공장도 몇 군데 둘러보았다.

"오래 기다리게 해서 미안합니다. 인도에 있는 조합 창고에 불이 나는 바람에 그 처리를 하느라고 시간이 걸렸습니다."

"아닙니다. 이 선생 기다리는 사이에 미얀마 차 시장을 조사했습니다. 이곳에 차를 파는 상회가 많군요."

"지금 불해에 긴차 만드는 차장이 20군데가 넘습니다. 거기서 만든 긴차가 미안마를 거쳐 인도와 티베트까지 팔려갑니다. 티베트는 끝없이 차를 요구하지, 교통은 편리하지, 지금 긴차가 아주 전성기를 맞고 있습니다."

이불일은 열정적으로 맹해 차 상황을 설명했다.

"지금 공사는 기계로 홍차를 만드는 공장을 세울 계획입니다. 저는 불해에 그 공장이 들어올 수 있겠는지 타당성을 조사하러 온 것이고요."

"제가 보고서에도 썼지만, 충분히 사업성이 있습니다. 원료 풍부하죠, 교통 좋죠. 게다가 여기 원료는 놀랄 정도로 쌉니다. 얼마 전에 제가 동남아 지역을 돌아보았는데 거기서는 홍차가 아주 비싸게 팔리고 있더군요. 만약 불해 지역 차 원료로 홍차를 만들어서 수출하면 굉장히 수익성이 좋을 겁니다."

"그래요, 우리 한번 큰일을 해봅시다."

그렇게 둘은 의기투합해서 맹해로 들어갔다.

범화균이 본 맹해의 첫인상은 어땠을까? 1910년에 토사의 영향력에서 벗어나 현대적인 행정체제로 개편된 후 맹해에는 큰 변화가 있었다. 20여 개가 넘는 개인 차장이 차를 만들어 티베트에 수출하고 있었고 이불일과 주문경이 세운 전력공사가 들어와 있었다. 운남성 건설청에서 농장을 개발했고 사범학교와 장뇌공장도 들어섰다. 운남성 재정청(財政廳)에서 사보기업국(思普企業局)도 세웠다. 한마디로 매우 활기차고 시끌벅적한 곳이었다.

"이 모든 것이 티베트에 차 판 돈으로 만들어낸 것입니다. 이뿐이 아닙니다. 우리는 다리도 놓고 상가를 지어서 임대료로 교육사업도 합니다. 앞으로 불해에 대형 차 공장이 들어서면 지금보다 훨씬 더 멋진 일들을 할 수 있을 겁니다."

"그럽시다. 와서 보니 더욱 희망적이군요."

"네, 저도 최선을 다해서 돕겠습니다."

정말로 이불일은 최선을 다해서 범화균을 도왔다. 자기 집에서 묵게 배려해 주고 몇 년 동안 기록한 기후보고서, 인도와 미얀마를 돌아보고 남긴 메모도 아낌없이 넘겨주었다. 그러나 범화균이 불해에 도착한 것은 5월 27일, 우기가 시작되고 있었다.

"8월 말이 되어야 비가 그칠 겁니다. 그 사이 느긋하게 현지 조사나 하시지요."

범화균은 현지 상황을 조사하고 홍차를 만들 때 쓸 기계를 설계하며 우기를 보냈다.

9월이 되자 비가 그쳤다. 그는 백차, 홍차, 녹차, 전차, 노청차를 총 500킬로그램 정도 만들었다. 다른 차는 시험적으로 만든 것이었고 중요한 것은 홍차였다. 홍차 품질은 만족스러웠다.

# 긴차는 티베트로, 원차는 홍콩으로

PU'ER
TEA

범화균은 그간의 조사와 샘플 작업 결과물을 운남중국다엽공사에 보고했다. 범화균의 보고를 받은 운남중국다엽공사는 매우 만족했다. 곧이어 운남 맹해에 기계식 차 공장을 만들기로 결정했다. 그 책임자로 범화균이 임명되었다. 범화균은 이불일의 도움을 받아 토사에게 부지를 제공받고, 지역 유지들의 자제 중에 공장에서 관리자로 일할 사람도 뽑았다.

그는 은시에서의 경험을 살려 규모가 작은 기계는 직접 설계·제작하고 덩치가 큰 기계는 인도에서 수입해 왔다. 문제는 미얀마 켱퉁부터 맹해까지 대형 기계를 실은 우마차가 지나갈 만큼 넓은 길이 없다는 것이었다. 그들은 켱퉁부터 맹해까지 직접 길을 닦았다. 기술자 몇십 명이 앞에서 길을 닦고, 기계를 실은 우마차가 뒤를 따르며 조금씩 전진해 57일 만에 맹해에 도착했다.

공장 세우는 일도 순조롭지 않았다. 지역 유지들의 텃세가 심했는데 특히 맹해현 현장이 노골적으로 방해했다. 처음에 현장은 범화균이 오래지 않아 철수할 것이라고 예상했다. 그러나 범화균이 생찻잎을 사서 홍차를 만들기 시작하자 맹해에서 유일하게 숯을 만들 수 있는 사람을 잡아다 가두었다. 홍차를 만들려면 숯이 꼭 필요했다. 숯불에 말려야 홍차가 완성되기 때문이다. 그때 범화균은 풍토병으로 누워 있었다. 그와 함께 파견 나온 동료가 현장을 찾아갔다.

"숯 만드는 사람을 풀어주십시오. 그 사람이 숯을 공급하지 않으면 우리는 홍차를 못 만듭니다."

"그건 내 알 바 아니오."

"대체 그를 무슨 죄목으로 가둔 겁니까? 죄목이라도 알려주십시오!"

그러나 현장은 아무 말없이 범화균의 동료를 쫓아냈다. 범화균은 이대로는 공장을 지을 수 없다고 판단해 곤명으로 올라가 운남성에 손을 써서 현장을 파직시켰다. 그런데 맹해현 현장이 파직된 후에도 범화균은 맹해로 내려가지 않았다. 운남성경제위원회는 범화균에게 새 임무를 부여했다. 불해 차창(佛海茶廠)과 별개로 불해복무사를 세우는 것이었다. 불해복무사의 주요 업무는 기존에 개별적으로 차를 수출하던 모든 개인 차장의 차를 일괄 수매하고 일괄 판매하는 것이었다.

운남성경제위원회가 이러한 조치를 한 것은 전쟁 때문이었다. 1937년 일본이 중국에서 전쟁을 일으킨 후 국민당 정부는 전시경제정책을 실시했다. 텅스텐, 주석, 동, 약재, 유동나무씨 기름 등 주요 물자를 자원위원회와 무역위원회에서 관리했다. 차도 여기에 포함되었다. 이 조례는 1938년에 이미 발표되었지만 맹해 지역에서는 그때까지 실행되고 있지 않았다. 불해복무사가 이 일을 담당해야 했다.

개인 차장이 개별적으로 차를 수출하려면 반드시 불해복무사에서 운송증명서를 발급받아야 했고 고액의 세금도 내야 했다. 그러나 차를 불해복무사에 위탁하면 운송증명서를 발급받을 필요도 없고 세금도 면제되었다. 자연히 중소 차장들은 불해복무사에 차를 팔았다. 불해복무사에 차를 판 것은 맹해의 차장뿐만이 아니었다. 사모, 이무 지역의 차장들도 복무사에 차를 팔았다. 1940년부터 1941년까지 불해복무사 명의로 제작한 긴차가 60톤, 이무 동창호에 주문 제작한 원차가 24톤이었다.* 여러 차장에서 생산하고 연합운송으로 티베트에 공급한 긴차는 600톤이었다.

맹해를 출발한 차는 미안마까지 가서 두 갈래로 나뉘었다. 긴차는 티베트로 갔고 원차는 홍콩으로 보내졌다. 원차의 주요 고객은 화교들이었다. 그러나 연합운송은 쉽지 않았다. 긴차가 티베트까지 가기

---

* 이때 범화균은 동창호에 지나치게 낮은 단가로 차를 주문했다. 동창호는 등급이 몹시 떨어지는 모차로 차를 만들어 납품했다. 불해복무사는 원료 등급 때문에 이 차를 다른 차들보다 낮은 가격에 팔 수밖에 없었다. 지금 맹해차창박물관에 그 동창호 원차 1통이 전시되어 있다.

위해서는 미얀마와 인도를 거쳐야 했는데 당시 두 나라는 영국의 식민지였다. 영국인들은 많은 차가 이동하는 것을 보고 국경통과세를 내라고 했다. 주 미얀마 영사관, 주 인도 영사관과 중국다엽공사가 나서서 이 차들은 미얀마와 영국에 판매하는 것도 아니고 아주 거친 원료로 만든 하급차라 영국의 차 산업에 전혀 영향을 미치지 못한다고 설득했다. 국경통과세를 걷는 것은 중국과 영국이 체결한 조약에 어긋난다는 점도 강조했다. 결국 영국은 국경통과세를 부과하지 못했다.

이쯤에서 백맹우라는 남자 이야기를 해보자. 그는 회족이었다. 회족은 조금 독특한 민족이다. 차 농사가 되었건 쌀 농사가 되었건 농사를 짓는 경우가 극히 드물고 대개는 장사를 한다. '회족은 비즈니스 머리가 있다'고 말하는데 사업에 성공한 회족이 많아서인 듯하다.

백맹우는 부유한 집안에서 태어난 독실한 이슬람교도로 메카까지 성지순례도 다녀왔고 10살 때부터 곤명에서 공부해 법정대학교를 졸업했다. 집안에 재산이 많으니 돈벌이도 급하지 않고 정치나 출세에 별 관심이 없었던 듯 여러 군데서 오라는 것을 마다하고 고향에 학교를 세우고 학생들을 가르쳤다.

그러다 운남성 재정부 육숭인(陸崇仁) 부장을 만났다. 육숭인은 백맹우를 높이 평가했다. 백맹우도 그를 믿고 공직으로 나갔다. 백맹우는 보이현(普洱縣) 세무관으로 공직을 시작했다. 역시 일을 매우 잘했다.

그러나 백맹우의 재능과 안목은 세무관에 멈추지 않았다. 업무차 자주 간 서쌍판납에서 가능성을 보았다. 그곳은 토지가 비옥하고 물이 충분하고 다원도 많았다. 아직 개발되지 않은 토지와 자원도 무궁무진했다. 그는 '아, 여기 긴차를 만들어 티베트에 파는 차장들이 많구나, 나도 차장을 열어서 긴차를 만들어야겠다.' 이런 식으로 생각하지 않았다. 그는 시야가 더 넓었다. 곧 운남성 정부와 운남성 재정청에 이런 보고서를 써서 제출했다.

정부가 세금에 의지해서 나라를 운영하는 것은 백성들 수염에 붙은 밥을 먹는 격입니다. 농업, 공업, 상업, 목축업 등 여러 사업을 발달시켜야 부강한 나라를 만들 수 있습니다. 이 지역의 차나무 자원으로 홍차, 녹차를 만들어 수출하면 큰 수익을 올릴 것입니다.

1938년, 운남성 재정부가 그의 제안을 받아들여 '사보기업국'을 세웠다. 사보기업국의 목표는 홍차를 만드는 기계식 공장을 세우는 것이었다. 기계를 쓰면 대량생산이 가능하고 품질도 일정할 테니 세계 시장에서 영국 차와 경쟁할 수 있다고 생각했다.

얼마 지나지 않아 범화균이 맹해로 내려왔다. 범화균은 당시 중국에서는 최고의 홍차 전문가였다. 게다가 중국다엽공사는 전국에 있던 기술자 몇십 명을 맹해로 보냈다.

백맹우는 사정이 달랐다. 홍차는 보이 원차나 긴차처럼 거칠게 만들어도 되는 차가 아니었다. 숙련된 기술자가 까다롭고 섬세한 작업으로 완성하는 차였다. 어떻게든 만들려면 만들 수도 있겠지만 백맹우가 만들고 싶은 것은 세계 시장에서 영국 홍차와 경쟁할 수 있는 최고급 홍차였다. 백맹우에게는 이런 홍차를 만들 기술자가 없었다.

백맹우는 범화균과 합작하기로 한다. 즉 자신이 홍차를 만들어 범화균에게 판매하고, 범화균은 기술자를 파견해 가공을 지도해 달라는 것이었다. 사보기업국과 운남중국다엽공사 명의로 계약서가 체결되었다.

이제 홍차 기계를 살 차례였다. 백맹우는 돈 걱정은 하지 않았다. 사보기업국에 후원하는 운남성 재정부는 운남성의 세금과 아편 업무를 독점해서* 지원을 잘 해줬다. 백맹우는 통 크게 영국에 홍차 기계와 방직 기계를 주문했다. 기계는 영국을 떠나 배를 타고 미얀마 양곤까지 왔고 양곤부터 켕통까지는 트럭을 탔다. 그러나 켕통부터 맹해까지는 트럭이 지나갈 길이 없었다. 마침 범화균도 상해와 인도에서 대형 기계를 구입해 맹해로 실어가려는 참이었다. 그들은 켕통

---

* 당시 운남성 정부는 아편으로 막대한 세금을 거뒀다. 보이차를 포함한 여러 사업을 하던 큰 회사들은 거의 예외 없이 아편을 취급했다.

부터 맹해까지 길을 냈다. 몇십 명의 기술자가 앞에서 길을 닦고 기계를 실은 소수레가 뒤따랐다. 그렇게 57일 만에 맹해에 도착했다.

범화균의 여정은 여기서 끝났으나 백맹우는 차창이 있는 남나산까지 한참을 더 가야 했다. 정말 고통스러운 구간은 이제부터 시작이었다. 지금까지는 좁은 길이라도 있었지만 여기서부터 남나산까지는 오솔길 아니면 밀림이었다. 백맹우는 기계를 모두 분해해 수레 10대에 나누어 실었다. 수레는 소 30마리가 끌었다. 수레가 밀림으로 들어섰다. 사람들이 수레 앞에서 도끼, 삽, 칼을 들고 나무를 베고 도랑을 메워 길을 냈다. 하루에 1~2킬로미터씩 전진해 6개월 만에 남나산에 도착했다.

이렇게 어렵게 기계까지 갖추었지만 범화균과 백맹우는 합작 계획을 실행하지 못했다. 범화균과의 갈등, 백맹우의 불끈한 성격, 여러 오해들이 있었지만 보다 근본적인 이유는 일본군의 폭격기와 함께 날아온 전쟁이었다.

다시 범화균의 이야기로 돌아가 보자. 범화균이 맹해에서 분투하는 사이 달이 가고 해가 갔다. 1942년, 공장은 완성을 앞두고 있었다. 대지면적이 2만 6,400평방미터, 건평이 3,521평방미터였다. 당시 맹해에 있던 개인 차장들과는 수준이 달랐다. 공장 안에 폭 4미터짜리 도로가 있었고 소와 말을 방목하는 풀밭도 있고 돼지우리와 채소를 키우는 텃밭도 있었다. 찻잎을 자르는 기계, 줄기를 골라내고 등급대로 분류하는 기계, 바람으로 분류하는 기계 등도 있었다. 부품부에서 간단한 부품이나 소모품은 직접 만들었다. 가구부는 전체 공장에서 필요로 하는 가구를 만들었다. 전기부는 공장 전체의 조명과 기계의 가동을 담당했다.

그러나 그 사이 상황이 크게 바뀌었다. 전운이 닥쳐왔다. 1942년 6월, 일본군 전투기가 미얀마 켕퉁을 폭격했다. 미얀마에서 운송을 기다리던 불해복무사의 긴차 12톤이 폭격을 맞아 불탔다. 켕퉁은 불해에서 겨우 몇십 킬로미터 떨어진 곳이었다. 일본군이 운남과 미얀마를 연결하는 도로에도 폭격을 퍼부어 길이 없어졌다. 9월이 되자 일본군 비행기가 맹해까지 날아왔다.

운남중국다엽공사는 맹해가 위험하다고 판단하여 직원 전원에게 철수를 명령했다. 그러나 범화균과 직원들은 맹해를 떠나지 않았다.

"아니, 언제 머리 위에 폭탄이 떨어질지 모르는데 왜 철수를 않는 거요? 지금 차를 만들어봐야 길이 다 파괴되었으니 수출도 할 수 없지 않소? 당신들 그러다 다 죽소."

운남중국다엽공사의 재촉이 계속되었다.

"안 됩니다. 철수할 때 하더라도 이 기계만큼은 조립하겠습니다. 이 것이 마지막입니다. 이 기계만 돌아가면 공장이 완성된단 말입니다."

범화균과 직원들이 어떤 심정으로 기계 조립에 매달렸을지 상상하기 어렵다. 그렇게 버티는 사이 11월이 되었다. 마침내 마지막 기계를 조립했다. 범화균은 긴장과 회한에 떨리는 손으로 기계의 전원을 넣었다. 철컥철컥 기계가 돌아갔다. 지켜보는 사람들 눈에 뜨거운 눈물이 흘렀다.

"수고했습니다, 여러분! 기계로 차를 만드는 현대식 공장이 오늘 완성되었습니다. 이제부터 중국도 기계로 차를 만들 수 있습니다.

곧 중국 차가 세계 시장에서 선두에 설 겁니다. 여러분의 땀과 피가 그 일을 해냈습니다. 지금 전쟁 때문에 약간 미루어지게 됐습니다만, 그날은 곧 올 겁니다. 자, 이제 철수합시다!"

일본군이 들이닥쳐 기계를 가져갈 것을 대비해 기계를 다시 분해해 곳곳에 숨겨놓고 범화균과 직원들은 사천성으로 갔다. 그후 범화균은 다시 맹해로 돌아오지 못했다.

한국 사람이 잘 모르는
신중국 50년 역사와 보이차

# 신중국과 보이차

PU'ER
TEA

오늘날 중국에 여행을 가면 한국과 별반 다를 게 없다. 그래서 가까운 과거의 중국도 한국과 같았으려니 생각하는 경우가 많다. 그러나 중국 공산당은 나라를 세운 후 우리와는 완전히 다른 체제를 만들었다. 모든 것을 나라에서 관장했고 개인이 사업체를 운영할 수 없는 시절이 몇십 년이나 있었다. 전 시대에 휘황한 성과를 냈고 지금 우리에게도 익숙한 동경호, 동흥호 등의 차장은 이 시대에는 존재하지 않았다. 이 기간에 중국에서 무슨 일이 있었는지 알면 보이차를 이해하는 데도 큰 도움이 된다.

NATURE · ORGANIC
pu'er
tea
NATURE · ORGANIC

# 공산정권이 들어서다

범화균이 떠난 뒤 맹해 차창은 5명의 현지인 직원이 남아서 지켰다. 당시 공장 창고에는 긴차 2,850포, 홍차 451포, 약간의 백차와 녹차가 있었다.

공장 창고에서 잠자는 몇 년 동안 이 차의 가치는 점점 높아지고 있었다. 전쟁 때문에 티베트에 긴차가 전혀 들어가지 못했으니 누구든지 티베트에 이 차를 가져가기만 하면 큰 이익을 볼 터였다. 1944년, 전쟁이 막바지에 이르렀을 때 상인들은 비슷한 생각을 하고 있었다.

먼저 행동을 개시한 것은 항성공 차장이었다. 항성공은 처음에 맹해에서 자본력으로 중소 차장을 핍박하고 범화균이 불해복무사를 운영할 때도 대치하며 갈등을 겪었는데, 비즈니스 감각은 뛰어났던지 범화균이 만들어놓은 차를 사서 티베트에 비싼 값에 팔았다. 정흥호(鼎興號) 차장의 사장 마정신(馬鼎臣)도 움직였다. 이 긴차들은 1945년에 모두 판매되었다. 육대차산 옆 강성에 있던 경창호도 전쟁 기간에 다른 상호들이 못 팔고 쌓아둔 차 120톤을 수매했다가 전쟁 후 광동으로 싣고 가 큰 이문을 남기고 팔았다. 그러나 경창호의 돈 벌이가 다음에도 계속되지는 않았다. 곧이어 신중국이 들어섰기 때문이다.

1949년에 신중국이 건국되었다. 그 다음해인 1950년 중국다업공사(中國茶業公司)가 만들어졌다. 신중국 건국 후 첫 번째로 세운 공사였다. 당시 중국에 차가 그만큼 중요했던 것이다. 운남에는 중국다업공사의 운남성 지사 격인 중국다업공사운남성공사(中國茶業公司雲南省公司, 이하 운남성공사로 쓰겠다.)가 세워졌다.

전쟁 전에 운남성공사는 맹해 차창 외에도 곤명과 하관에 차창을 운영하고 있었다. 애초에 운남성공사의 목표는 홍차를 생산하는 것이었지만, 보이차가 티베트, 홍콩은 물론 국내에도 상당한 시장이 형성된 것을 보고 업무 범위를 보이차로 확대했다. 1939년 곤명에 부흥 차창(復興茶廠, 곤명 차창의 전신)을 세워 보이 타차와 방차를 만들었고, 1941년에는 운남성 북부 하관에 강장 차창(康藏茶廠, 하관 차창의 전신)을 세웠다. 설립 목적은 티베트에 공급할 긴차를 가공하는 것이었다. 모든 차창들이 전쟁으로 영업을 멈춘 채 몇 년이 지나고 있었다. 운남성공사는 이 차창들을 복구하기로 했다.

다른 차창들은 비교적 빨리 복구가 되었지만 맹해 차창은 달랐다. 미얀마 국경 전선에 있던 맹해는 전쟁의 포화를 맞았다. 노반장 마을에 갔을 때 주민이 '예전에 일본군이 마을 앞에 있는 다원까지 쳐들어왔어. 마을 사람들이 나가서 일본군하고 싸우다 많이 죽었어. 지금도 우리는 거기를 피의 다원이라고 불러'라고 말했다. 일본군이 맹해의 깊은 산속에 있는 노반장 마을까지 쳐들어왔던 것이다.

일본군이 떠난 후에는 공산당에게 쫓기던 국민당이 들어왔다. 1951년 운남성공사가 맹해 차창으로 직원들을 내려보낼 때도 아직 안전한 상황이 아니었다. 운남성공사에서 파견한 직원들은 혹시 남아 있는 국민당 군인들이 공격할 것에 대비해 인민해방군 군대의 호위를 받으며 맹해로 갔다.

그렇게 찾아간 맹해 차창은 폐허가 되어 있었다. 전쟁 전에 지었던 집은 다 무너져내려 벽만 남아 있었고 범화균과 직원들이 정성들여 만들었던 기계들도 사라진 뒤였다. 맹해 차창에서 전쟁 후 처음 차를 만든 것은 1952년이었다. 그 차도 보이차가 아니라 홍차였다. 그밖에는 농가에서 모차를 수매하고 과거 개인 차장에서 만들었다 못 팔고 남은 긴차를 수매해서 운남성공사에 보냈다.

한편, 이 시기 개인 차장, 차 사업가들은 매우 불안해했다. 그들은 신중국이 장차 자본가를 어떻게 대할지 걱정했다. 일찌감치 사업체와 가산을 정리해 외국으로 떠난 사람들도 많았다. 사실 신중국은 개인 차장을 존치할 생각이 없었다. 언젠가 개인 차장을 모두 국가로 합병할 계획이었다. 다만 그 시기를 언제로 할 것인가가 문제였다. 정권을 잡자마자 손쓸 수는 없어서 장기적인 계획을 세우고 단계적으로 실행했다.

1952년 9월, 차를 만드는 농부와 개인 차장이 개별적으로 긴차를 수출하는 것이 금지되었다. 차는 맹해 차창 등에서 수매하여 곤명에 있는 운남성공사로 보냈고 거기서 긴차는 티베트로, 모차는 광동성으로 보냈다. 1954년에는 개인 차상이 차산에 들어가 차를 수매하는 것이 금지되었다. 그렇게 점점 개인 자본가를 옥죄다가 1956년에는 더이상 사유재산을 허용하지 않았다. 차장을 열고 차를 만들었던 사람들은 사유재산을 몰수당하고 나라에서 운영하는 합작사, 중국다업공사 등으로 재배치되었다.

진패인(陳佩仁)도 그런 사람 중 한 명이었다. 그는 해방 전에 아버지와 함께 곤명에서 화성 차장을 운영했다. 당시 곤명 사람들은 재스민차를 많이 마셨다. 진패인과 그의 부친은 먼길을 마다하지 않고 다니며 좋은 재스민꽃을 구해다 녹차에 향기를 입혔다. 원차, 타차, 방차도 만들었다. 정사각형 모양의 방차는 표면에 수(壽), 희(喜), 복(福), 록(祿)이라는, 중국 사람들이 매우 좋아하는 글자가 두드러지게 가공했다. 이 차는 고급 원료를 써서 비쌌다. 곤명 사람들은 결혼할 때 이 차를 선물하는 것을 좋아했다.

사업은 승승장구 잘되고 있었다. 그러나 신중국이 들어서면서 상황이 달라졌다. 1956년 신중국은 개인 재산을 인정하지 않는다는 법령을 실시하고 개인 재산을 모두 몰수했다. 진패인의 화성 차장도 국가 소유가 되었다. 그와 아버지는 차장에서 긴압차를 만들 때 썼던 돌맷돌 4개와 나무판을 들고 곤명 차창으로 가서 직공으로 일했다.

보이차를 긴압할 때 쓰는 돌맷돌이다. 돌맷돌의 무게로 차를 납작하고 단단하게 누른다.

# 호급보이차 소동

신중국은 1956년 개인 재산을 모두 몰수했다. 이때 개인 차장은 완전히 없어졌다. 그후 1958년~1960년 대약진운동, 1966년 ~1976년 문화대혁명 등

1960년대에는 양빙호가 존재하지 않았다.

을 겪었다. 그 사이 개인 차장은 단 하나도 존재하지 못했다. 운남에서 차가 완전히 개방된 1990년 후반까지 이런 상황이 계속되었다.

그런데도 1970년대 동경호, 1970년대 가이흥 전차가 시중에 수없이 많다. 이 시절에 중국에 무슨 일이 있었는지 잘 모르는 소비자들은 굉장히 쉽게 속는다. 사진에 나오는 차는 1960년대에 만든 양빙호라고 인터넷에 소개되었다. 물론 1960년대에는 양빙호라는 개인 차장도 존재하지 않았다.

몇 년 전에 1970년대 가이흥 전차를 몇 천만 원어치 구입한 분이 왔다. 1970년대 중국이 어떤 사회였는지 설명하고 그 시절에 가이흥 전차는 만들어질 수 없었다고 말해주었다. 다행히 차를 물리고 돈을 환불받았다. 그런데 며칠 후에 또 와서 말했다. "내가 가이흥 전차 말고도 동경호를 또 몇 천만 원 가량 샀습니다. 이것도 가짜일까요?"

# 지금은 사라진 보이차 가공법

PU'ER
TEA

1930년대 이불일이 쓴 보고서 〈불해다업개황〉에 따르면, 당시 운남성 맹해에서 모차를 만든 방법은 지금과 같았다. 즉 생찻잎을 따다 솥에 덖고(살청) 유넴*하고 햇빛에 널어 말리는 것이었다. 다만 모차에 물을 많이 뿌리고 바구니에 담아두는 과정에서 찻잎이 얼룩덜룩하게 발효되고 탕색도 붉게 변했다.

1950년대 초에 맹해에 있던 다엽연구소가 운남의 소수민족인 태족이 모차 만드는 방법을 조사했다. 결과는 세 가지였다. 이 조사를 통해 확인된 것은 태족들이 모차를 만들 때 이미 '발효' 과정이 추가

---

* 덖기를 마친 찻잎을 대나무 채반이나 멍석에 놓고 힘주어 주무르고 문지르는 과정이다. 이 과정을 통해 찻잎의 세포막이 손상을 입고 맛을 내는 화학성분이 흘러나온다.

되어 있다는 점이었다.

### 살청-유념-햇빛 건조

오늘날에도 쓰이는 방법이고, 이불일이 〈불해다업개황〉에 서술한 방법이기도 하다. 이렇게 만든 모차는 발효가 전혀 되지 않았기 때문에 이파리 색은 검고 어두운 녹색이고 우리면 탕색이 노랗다.

### 살청-유념-발효-햇빛 건조

두 번째 방법은 중간에 '발효' 과정이 들어간다. 살청하고 유념까지 마친 차를 대나무 바구니에 담아 하룻밤을 재운다. 그 사이 차는 살청할 때 생긴 온도와 수분으로 발효가 되었다. 다음날 아침 바구니를 열어보면 찻잎은 붉은색, 갈색으로 변해 있었다. 이 차를 햇빛에 건조해 모차를 완성했다.

### 살청-1차 유념-발효-햇빛 건조-2차 유념-햇빛 건조

세 번째 방법에도 '발효'가 들어간다. 살청을 마친 후에 80% 정도 유념한 차를 대나무 바구니에 넣고 발효시킨다. 다음날 바구니에서 꺼내 멍석에 깔고 햇빛에 말린다. 반 정도 말랐을 때 다시 한번 유념하고 햇빛에 말린다.

'발효'를 하면 차의 쓰고 떫은맛이 누그러들어 발효를 하지 않은 차보다 차맛이 부드럽고 차탕색은 붉은색이 됐다.

그러나 지금은 두 번째, 세 번째 방법으로 차를 만드는 곳은 없다. 1950년 중국다업공사가 설립된 해에 〈중국차신(中國茶訊)〉이라는 잡지도 창간되었다. 〈중국차신〉은 국가에서 발행하는 공신력 있는 간행물이었다. 이 잡지에 빙군(憑軍)이라는 사람이 '운남다엽생산 및 판매 개황'이라는 제목으로 보이차 가공방법을 소개했다. 그중 모차 가공법을 보자.

1차 가공은 한 번에 2~2.5킬로그램의 생찻잎을 쇠솥에 볶는다.
차즙이 나오고 찻잎이 마를 때까지 문지르고 햇빛에 말린다.

이것은 맹해다엽연구소에서 조사한 세 가지 방법 중 첫번째로 오늘날까지 쓰이고 있는 방법이다. 가공 중간에 차를 발효하는 과정이 완전히 생략되었다. 왜 그런지는 기록이 없으므로 알 수 없다.

이무차산 농가에서 살청하는 모습이다.

1958년부터 1960년 초까지 중국은 엄청난 일을 계획했다. 7년 안에 영국을 따라잡겠다는 것이었다. 이것이 대약진운동(大躍進運動)이다. 물론 가능성이 없는 계획이었다. 그들은 청나라 사람들만큼 영국을 몰랐다. 영국에 대한 정보가 없는 상태에서 '영국을 따라 잡으려면 어떻게 해야 하지? 쇠가 많아야겠구나. 그럼 쇠를 많이 만들자'고 결정하고 많은 양의 쇠 만들기 운동에 돌입했다.

쇠를 녹이려면 용광로가 있어야 한다. 누구나 쇠 만들기 운동에 동참해야 하기 때문에 전국의 마을, 회사 앞마당에 소형 용광로를 만들기 시작했다. 재료는 흙이었다. 당연한 일이지만 흙으로 만든 용광로는 쇳물의 뜨거운 온도를 견디지 못하고 계속 녹아내렸다. 어떻게 하면 용광로를 강하게 만들까 궁리한 끝에 자기 머리카락을 잘라 흙에 이겨 넣은 여성도 있었다. 효과는 없었다. 그들은 이렇게 대충 만든 용광로에 쟁기부터 문고리까지 쇠란 쇠는 다 녹였다. 광기에 가까운 시절이었다. 그렇게 애쓰고 만들었건만 쇠는 너무 물러 쓸 수가 없었다.

전국민이 농사고 뭐고 때려치고 쇠 만들기에 열중한 데다 자연재해까지 겹쳐 식량이 부족했다. 대약진운동으로 중국에서 굶어죽은 사람이 4천만 명에 이른다고 한다. 곳곳에서 기아를 못 이긴 이들이 사람까지 잡아먹었다는 기록이 남아 있다.

터무니없이 높은 생산계획을 세우고 질주하다 고꾸라진 것이 쇠뿐만은 아니었다. 차도 그랬다. 그들은 차 생산량을 한꺼번에 몇십 배씩 높이 잡았다. 농민들은 할당량을 채우기 위해 숲으로 들어가 야방차(野放茶)*와 야생차를 찾고 다원의 차나무는 이파리 하나도 남기지 않고 대머리가 될 때까지 따버렸다. 이파리가 없는 식물은 광합성을 하지 못하니 죽을 수밖에 없었다. 차나무가 죽으니 생산량이 증가하기는커녕 점점 떨어졌다. 발버둥치면 칠수록 상황은 더 나빠졌다.

경창호 차장을 운영하던 가족들이 이 시기를 어떻게 보냈는지 알려주는 기록이 있다. 경창호는 판로가 막힌 여러 차장의 차를 수매했다가 전쟁이 끝난 후 광동에 비싸게 팔아 거액의 이익을 남겼다.

---

*과거에 사람이 재배했으나 지금은 돌보지 않는 차나무

이들도 1956년에 재산을 모두 국가에 몰수당했다. 그러나 이들은 큰 규모로 사업을 했던 만큼 단순한 자본가가 아니라 '인민의 고혈을 뽑아먹은 자본가'로 분류되었다. 이런 사람들은 신중국 사회에 바로 편입될 수 없었다. 사상개조와 노동개조를 받아야 했다.

경창호 집 며느리도 마찬가지였다. 노동개조를 받기 위해 집에서 멀리 떨어진 야산까지 걸어갔다. 앞으로 그들이 할 일은 허허벌판에서 쇠를 만드는 것이었다. 산에 가서 나무를 해오고 돌을 져다가 용광로부터 만들었다. 집도 직접 지어야 했다. 일하다 죽은 사람이 부지기수였다. 나무를 베다 쓰러진 나무에 깔려 죽는 사고도 종종 일어났고 먹을 것도 부족했다. 배가 고파서 풀도 먹고 뿌리도 먹었다. 옥수수 심도 먹었다.

옥수수 심을 먹으며 며느리는 생각했다. '전에는 우리 땅에서 수백 명이 농사를 지어 수확한 곡식을 나르고 먹고 남은 것을 팔아서 돈을 만들었는데, 이제는 먹을 것이 없어서 옥수수 심을 먹어야 하는구나.' 며느리는 옥수수 심을 먹고 설사를 많이 했다고 적었다. 그래도 이 정도면 운이 좋은 편에 속했다. 사상을 개조할 수도 없을 정도로 악랄하다고 분류된 자본가들은 목숨을 잃었다. 자본가였던 사람들은 정도의 차이는 있을지언정 다 같은 고초를 겪었다.*

---

* 李旭, 〈茶馬古道上的傳奇家族〉, 中華書局, 2009

노반장 마을의 오래된 나무에 올라 찻잎을 따는 여성

# 홍인은 어디서 만들었나?

전쟁이 끝나고, 신중국이 건국되고, 중국다업공사가 세워졌다. 역사상 중국 역대 정부는 차를 수출하고 큰 수익을 냈다. 당나라 때부터 송나라, 명나라, 청나라 때까지 차는 중국의 주력 수출상품이고 효자상품이었다. 신중국 정부도 그렇게 되기를 바랐다. 오랜 전쟁으로 나라는 피폐해졌고 새로운 건설을 하려면 돈이 필요했다. 당장 중국이 돈을 벌 수 있는 방법은 차를 만들어 수출하는 것이었다. 이런 절박함 속에 신중국 건국 후 첫 번째로 세운 공사가 중국다업공사였다.

중국다업공사는 새로운 상표가 있어야겠다고 생각했다. 신중국의 밝은 미래를 표현할 수 있는 멋진 상표를 만들기로 했다. 1951년 신문에 상표 디자인을 공모했다. 중국다업공사 직원의 디자인이 당선되었다.

가운데 초록색 차(茶) 자를 8개의 붉은색 중(中) 자가 감싸고 있는 디자인이었다. 당선자는 가운데 초록색 차는 좋은 차를, 붉은색 중 자는 혁명에 성공한 신중국을 의미한다고 설명했다. 1952년 중국다업공사는 앞으로 중국에서 생산하는 차에 이 상표를 쓰기로 했다. 이 상표의 이름은 '중' 자와 '차' 자가 들어간 상표라는 의미로 '중차패(中茶牌)'라고 불렀다. '패(牌)'는 중국말에서 상표를 의미한다.

한편, 중국다업공사의 운남성 지사 격인 운남성공사도 이 상표를 부착

한 차를 만들었다. 그런데 이
들이 만든 중차패 상표는 중
국다업공사에서 보낸 것과는
달랐다. 가운데 '차' 자까지 붉
은색으로 인쇄해 전체가 붉은
색이었다. (그래서 훗날 이 상표는
'붉은색으로 인쇄되었다'는 의미의
'홍인'으로 불린다.) 여기에는 그

1952년부터 중국다업공사 산하 국영 차창
에서 사용한 중차패 상표

럴 만한 사정이 있었다고 한다. 운남성다엽협회 추가구 회장은 인터뷰
에서 이렇게 말했다.

"1951년 중국다업공사에서 디자인 공모전을 해서 당선된 것이 중차
패였다. 1952년부터 중국다업공사는 각 성의 모든 차를 생산하는 단
위에 이 중차패를 상표로 사용하라고 했다. 그런데 북경에 있는 중국
다업공사 직원 심백화(沈伯華)가 운남에 내려와서 보니 운남에서는 가
운데 차 자를 초록색으로 인쇄하지 않고 붉은색으로 인쇄해서 쓰고 있
었다. 이에 심백화는 곧바로 본사인 중국다업공사에 이 일을 보고했
다. 중국다업공사에서 이 문제를 추궁하자 운남성공사는 한 번에 초록
색과 붉은색을 동시에 인쇄할 기술이 없어서 어쩔 수 없이 붉은색으로
만 인쇄한 것이라고 해명했다. 이에 중국다업공사는 인쇄를 두 번 하
라고 했다. 먼저 가운데 차 자가 들어갈 자리를 비워놓고 붉은색으로
인쇄하고, 두 번째는 초록색으로 차 자만 인쇄하는 방법이었다."

지금까지는 홍인을 맹해 차창에서 생산했다고 알려져 있었지만, 사실 그 시기 맹해 차창은 차를 생산할 형편이 안 되었다. 중일전쟁 때 일본 군이 맹해까지 날아와 폭격을 하고 군대가 쳐들어와서 전투를 했다. 1950년 중국다업공사 직원들이 1942년부터 방치되어 있던 맹해 차창에 도착해 보니 공장의 기계는 다 사라지고 집은 무너진 상태라 도저히 생산을 할 수 없었다. 1950년대 맹해 차창은 공장을 재건하는 데 힘쓰는 한편 주로 외국에 판매할 홍차와 국내에 공급할 녹차를 만들었다. 그리고 쇄청모차를 광동으로 보내서 광동에서 가공 및 수출을 했다.

1950년대 홍콩에 수출하는 원차를 만든 곳은 하관 차창이었다. 하관 차창은 중일전쟁이나 국민당과의 전쟁 중에도 전화를 입지 않았기 때문에 곧바로 생산에 돌입할 수 있었다. <하관 차창지>에 따르면 하관 차창에서 원차를 만든 것은 1953년부터 1956년까지 4년 동안이다. 그후 쭉 원차를 생산하지 않다가 1969년에 한 번 66톤을 생산했다. 홍인은 1953년부터 1956년 사이에 생산되었을 것이다.

이 시절 하관 차창은 맹해가 아니라 주로 린창 지역과 경곡 지역에서 원료를 수매했다. 등시해는 홍인을 맹해 지역 원료로 만들었다고 했고 다른 사람들도 홍인이 맹해 남나산 원료인가 이무 원료인가를 놓고 설전을 많이 벌였다고 한다. 그러나 사실은 맹해 차창에서 생산한 것도 아니고 하관 차창에서 린창 지역, 경곡 지역 원료로 만들었던 것이다.

# 운남차를 익혀 마시는 홍콩 사람들

PU'ER TEA

운남에서 온 보이차는 홍콩 사람들이 마시기에는 너무 강했다. 게다가 홍콩 사람들은 본래부터 강한 차를 못 마신다. 오죽하면 그 순하고 부드러운 백차도 그냥 못 마시고 숯불에 구워서 더 부드럽게 해서 마신다. 우리가 청향으로 즐기는 철관음도 숯불에 굽는다. 그런데 운남 보이차를 만드는 차나무 품종 운남대엽종은 백차나 철관음을 만드는 차나무보다 쓰고 떫은맛이 훨씬 강하다. 너무 강해서 아무리 차루에서 무료로 제공해도 손님들이 마시지 못했다. 그래서 홍콩 상인들은 운남에서 온 차를 숙성시켜서 출시했다.

이런 습관은 보이차를 만드는 운남 사람들과는 확연히 다른 것이었다. 운남 사람들은 보이차를 익혀서 마시지 않았다. 지금도 그들은 갓 만든 강하고 쓰고 떫은 차를 개완 뚜껑이 닫히지 않을 정도로 많이 넣고 진하게 우려 마신다. 그리고 독한 담배를 피우고 50도가 넘는 독한 술을 마시고 돼지고기를 돼지기름에 튀겨 먹는다. 과거 그들에게는 차를 익힌다거나 저장한다는 개념 자체가 없었다.

차산에 가서 어르신들을 만나면 꼭 여쭤봤다.

"예전에 만들었던 차 남은 것은 없나요? 옛날 차가 있으면 큰돈이 되겠어요."

"옛날 차는 없다. 우리는 3년 지난 차는 다 버렸다."

"왜요?"

"우리 입에는 맞지 않아."

여러 명에게 물어봤지만 대답은 같았다. 육대차산 쪽만 그런가 해서 맹해 지역에서도 물어봤는데 마찬가지였다. 3년이 지나면 차맛이 변했다며 리어카에 실어서 개골창에 버렸다 했다. 지금은 시절이 바뀌어서 오래된 차가 햇차보다 비싸다. 그래도 차산 사람들은 햇차를 좋아한다. 오래된 차가 비싸거나 말거나 자기들 입에는 여전히 맞지 않는 것이다.

이런 일도 있었다. 과거 이무에 복원창호라는 차장이 있었다. 세월이 흘러 복원창호가 사라진 지도 오래된 1980년대에 이무 촌장이 이 집을 샀다. 이사하고 보니 2층 창고에 차가 잔뜩 있었다. 전 주

인이 상한(?) 차를 버리지 않고 이사 가버린 듯했다. 촌장은 2층을
곡식 창고로 쓰려고 차를 내다버렸다. 이 이야기를 듣는 내 입에서
안타까운 탄식이 나왔다.

복원창호 옛집과 전 주인이 2층에 버리고 간 오래된 차를 내다버렸던 촌장 부인.
지금 이 집은 진승 차창에 팔려 멋진 건축물이 되었다.

신중국이 들어선 후 새로운 문제가 생겼다. 그 전에 운남에서 홍콩으로 온 차는 다른 차들보다 강하긴 해도 어느 정도는 숙성이 되어 있었다. (1930년대에는 모차에 물을 뿌리고 바구니에 담아 발효시켰고 1950년대 초에 맹해다엽연구소에서 조사할 때만 해도 모차 가공 과정에 '발효'하는 과정이 있었다. 이런 원료로 보이차를 만들어서 홍콩으로 보내면 탕색이 붉고 쓰고 떫은 맛도 어느 정도는 줄었다.)

그런데 1950년부터는 전혀 숙성되지 않아 쓰고 떫고 너무 강한 보이차가 왔다. 본래 어느 정도 '발효'된 차도 홍콩에 도착하면 바로 출시하지 못하고 6~7년을 더 숙성했는데 너무 쌩쌩한 차를 숙성하려니 지나치게 오랜 시간이 걸렸다. 게다가 보이차는 저렴하게 구입해 무료로 제공하는 차인데 오래 저장하자니 창고비와 인건비 등이 지출되어 수지가 맞지 않았다.

상인들은 이 문제를 해결하려고 고민했다. 그러다 이런 일이 있었다. 1950년대에는 지금처럼 차 포장이 잘 발달되어 있지 않았다. 비닐이 없어서 나무 상자나 대나무 상자에 담고 종려나무 껍질을 벗겨 만든 비막이를 씌워서 먼길을 운송했다. 물론 이 정도 방비로는 비를 완전히 막을 수 없었다. 도중에 비라도 오면 영락없이 차가 젖어 버렸다. 곰팡이가 핀 차를 좋아하는 사람은 없었다.

그렇다고 차를 전부 버릴 수는 없어서 궁리를 하다가 어떤 실험정신이 강한 사람이 곰팡이 핀 차를 찜통에 쪄봤다. 그랬더니 곰팡이가 감쪽같이 없어지고 익은 차맛이 났다. 곰팡이가 피어서 하마터면 버릴 뻔했던 차였는데 곰팡이가 사라져서 판매할 수 있을 뿐 아니라 맛도 홍콩 사람들이 좋아하는 부드럽게 숙성된 차맛으로 변한 것이었다.

상인들은 차를 찜통에 찌는 방법을 보이차에도 적용해 보았다. 그 방법이 보이차에도 통했다. 너무 생생하고 강해서 홍콩 사람들은 무료로 제공해도 못 마시겠다던 차가 순하고 부드러워졌다. 그러나 또 문제가 있었다. 찜통으로 한 번에 찔 수 있는 양은 50킬로그램밖에 안 됐다. 차는 몇십 톤씩 쌓여 있는데 한 번에 50킬로그램씩 쪄서는 도저히 작업을 할 수 없었다. 그래서 또 여러 테스트를 했다. 차를 바닥에 깔고 뜨거운 물을 부어서 숙성시키는 방법도 써봤지만, 그때는 홍콩의 생활수준이 많이 떨어져서 끓인 물 대기도 보통 어려운 일이 아니었다.

뿐만 아니라 그 많은 차를 자루에서 퍼냈다가 숙성시키고 다시 담는 것도 일이었다. 그래서 결국은 차를 자루에 담은 채로 층층이 쌓아놓고 찬물을 뿌려서 숙성시키는 방법을 써보았다. 이렇게 숙성시키면 결과물이 가장 좋지 않았다. 차를 많이 쌓아두면 아래쪽 차는 썩기도 했다. 여러 가지 방법 중에 가장 맛이 좋은 것은 50킬로그램씩 찜통에 찌는 것이었고, 가장 효율적인 것은 (차가 썩기는 해도) 자루째 쌓아놓고 찬물을 뿌려 숙성시키는 것이었다.

홍콩의 차루 '육우다실'은 60년이 넘는 역사를 자랑한다. 홍콩 사람들은 차루에서 간단한 식사를 하고 보이차를 마시며 사교활동을 해왔다.

홍콩의 차루에서는 딤섬과 보이차를 제공한다.

현재 홍콩은 많은 양의 보이차를 소비하는 한편 동남아시아의 여러 나라에 차를 공급하는 차 중계무역의 중심지이기도 하다. 그러나 홍콩 이전에는 마카오가 차 무역의 중심지였다. 1661년 네덜란드 사람들이 최초로 유럽으로 가져간 중국 차도 마카오에서 구입한 것이었다. 1840년에 일어난 아편전쟁에서 패한 청나라 정부가 홍콩을 영국에 넘기면서 변화가 생겼다. 당시 중국과의 무역을 전담했던 영국의 동인도회사는 마카오를 떠나 홍콩으로 갔다. 홍콩은 항구의 수심도 마카오보다 깊어서 배가 드나드는 데 유리했다.

운남 보이차가 홍콩으로 간 것은 바로 그 시기, 즉 1850년대부터였다. 운남에서는 홍콩으로 간 보이차가 어떻게 되었는지 몰랐다.

우리에게 그 이야기를 들려줄 사람을 만나보자. 그의 이름은 노주훈, 몇 년 전에 운남에서 발행되는 잡지 〈보이〉에서 인터뷰를 하기 전까지 철저하게 베일에 가려진 인물이었다고 한다. 그는 1927년에 광동성 조주(潮州)에서 태어났다. 사방에서 군벌이 난립하고 서양 여러 나라들은 중국을 삼키려고 호시탐탐하고 있던 시기였다.

1937년 일본이 중국에서 전쟁을 일으켰다. 일본 군대는 순식간에 광동까지 밀고내려왔다. 11살 노주훈은 전쟁과 가난을 피해 마카오로 갔다. 여기저기서 견습생으로 일하다 16살이 되던 1943년에 영기 차장(英記茶莊)에 취직했다. 영기 차장에서 다루었던 차는 홍차, 육안차, 보이차였다. (차 중계무역의 중심이 마카오에서 홍콩으로 옮겨간 후에도 두 지역 상인들은 긴밀한 관계를 유지했다. 서로 친인척이었고 기술자들도 홍콩과 마카오를 오가며 일했다.)

노주훈은 영기 차장에서 곰팡이 핀 육안차를 증기로 찌는 일을 했다. 몇 년 일하니 자신감이 붙고 차의 특징도 훤히 알게 되었다. 차에 자신감이 붙은 그는 언뜻 엉뚱한 생각을 했다.

'보이차는 고급이 110~130원이고 싼 것은 70~75원밖에 하지 않는데 기문홍차는 350원이나 한다. 그런데 홍차는 비싸도 잘 팔린다. 그렇다면 값싼 보이차로 홍차를 만들면 어떨까? 육안차를 숙성시키듯이 보이차에 물을 뿌리고 며칠 두면 홍차가 될까? 성공만 하면 큰돈을 벌 수 있겠구나. 되든 안 되든 한번 해보자!'

그는 업무가 끝나면 공장에 남아서 실험을 했다. 그가 시도한 방법은 차에 물을 뿌려서 발효하는 것이었다. 그는 모차 10근에 물 2근을 뿌려 천으로 덮어두었다. 수분이 더해지자 모차에 미생물이 발생했고, 미생물이 숨쉬며 내뿜는 열기로 온도가 75도까지 올라갔다. 잎을 골고루 여러 번 뒤집어주다가 모차가 검붉은 색이 되었을 때 약한 불에 굽듯이 말렸다.

'과연 홍차 맛이 날까?'

며칠간 노력한 끝에 보이차로 만든 홍차를 앞에 두고 노주훈은 긴장했다. 마른 상태의 잎 색깔이나 우렸을 때의 탕색, 엽저의 색은 홍차라 해도 될 만했다. 그러나 홍차와 완전히 다른 것이 있었다. 맛과 향기였다. 노주훈이 만든 차에서는 홍차의 신선하고 상쾌한 맛, 달콤하고 좋은 향기가 나지 않았다. '차가 이렇게 꿉꿉해서야 홍차라고 팔 수 있겠나!' 그는 두 달치 월급을 들고 홍콩으로 가서 향료를 샀다. 향료를 뿌리면 홍차처럼 되지 않을까 해서였다. 그러나 비싼 돈만 들였을 뿐 완성된 차는 홍차와는 거리가 멀었다.

사실 홍차는 보이차를 재가공해서는 만들 수 없고 처음부터 홍차로 만들어야 한다. 게다가 홍차는 만드는 방법이 꽤 까다로운 차다. 노주훈은 실험방법을 바꾸어보았다. 역시 모차에 물을 뿌리고 천을 덮어 70%까지 발효를 시켰다. 그리고 아직 덜 마른 차를 60일 동안 창고에 넣어두었다. 그렇게 만든 차는 색이 짙어지고 맛도 더 부드러웠다. 그러나 역시 홍차는 아니었다. 노주훈은 홍차를 만들겠다는 계획을 접었다. 그리고 다시 열심히 영기 차장 일을 했다.

몇 년 후 한 남자가 영기 차장을 찾아왔다. 운남 이무에서 차장을 운영했던 사람인데, 중국에 공산당 정권이 들어서자 고향을 버리고 마카오로 온 참이었다. 둘은 운남차에 대해 이야기를 나누었다.

"예전에 송빙호, 동경호 같은 차

영기 차장은 노주훈이 어려서 일했던 곳이다.

들이 여기서 인기가 많았는데, 공산당 정권이 들어서고 차장들이 다 국유화되면서 그 사람들이 차를 만들지 못하니 홍콩에서는 부르는 게 값인데도 없어서 못 판답디다."

노주훈의 눈이 반짝했다. 노주훈이 만들고 있는 차들은 식당이나 찻집에서 무료로 공급할 정도로 싼 차였다. 그는 생각했다. '송빙호, 동경호 같은 차를 만들어볼까? 지난번 실험을 조금 수정하면 송빙호 차맛은 낼 것 같은데……'

이번에는 성공했다. 그리고 놀랄 만큼 열심히 '가짜' 송빙호, 동경호 등을 만들었다. 1960년대 초까지 한 달에 평균 2,500~4,200편을 만들었다고 한다. 10년이면 30만~50만 편이다. 차는 날개 돋친 듯이 팔렸다. 노주훈은 훗날 당시를 이렇게 회상했다. "보이차가 시장의 자금을 빨아들이는 것처럼 팔려나갔다." 그의 손에서 만들어진 가짜 호급차가 몇십만 편이다. 그의 재능과 근면함은 어쩌면 보이차 애호가에게는 재앙일지도 모르겠다. 비싼 돈을 주고 산 노차가 실은 노주훈이 만든 것일 가능성이 매우 높기 때문이다.

# 홍차는 '효소' 작용, 숙차는 '발효' 작용

왜 노주훈은 홍차를 만들지 못했을까? 홍차의 가공방법을 전혀 이해하지 못했기 때문이다. 생찻잎에는 폴리페놀이라는 성분이 있다. 이 성분은 본래는 무색이다. 그러나 산화를 하면 노란색-붉은색-짙은 갈색-검은색으로 색이 짙어진다.

폴리페놀을 산화시키는 것은 역시 찻잎에 들어 있는 폴리페놀산화효소다. 홍차는 탕색도 붉고 잎색도 붉은 차다. 그래서 홍차를 만들 때는 폴리페놀을 충분히 산화시켜주어야 한다. 그러자면 폴리페놀산화효소를 활발하게 만들어주어야 한다. 그래서 홍차를 만드는 사람들은 잎을 따오면 효소가 활발해지게 충분한 시간 동안 방치한다. 그 사이 찻잎의 폴리페놀이 산화된다.

이제 가공자는 잎을 유념한다. 폴리페놀이 산소를 만나면 더 활발하게 산화되기 때문이다. 그것만으로도 부족해서 '발효' 시간을 둔다. 유념을 마친 잎을 여러 시간 동안 대나무 바구니에 담아둔다. 이 정도면 산화가 충분하다고 생각될 때 가공자는 잎을 뜨거운 열로 건조한다. 본래 폴리페놀산화효소는 열에 노출되면 변형되어 더이상 폴리페놀을 산화시키지 못하는 특징이 있다. 이렇게 하면 홍차가 완성된다. 흔히 홍차를 완전발효차라고 하지만 홍차의 폴리페놀 산화 정도는 100%

가 아니다. 어느 정도까지만 산화를 시키다 멈추어야 홍차의 붉은색, 상쾌한 맛이 만들어진다.

그런데 사실 홍차는 '발효'해서 만드는 차가 아니다. 발효는 '미생물이 유기물을 분해하는 것'이다. 미생물이 핵심이다. 홍차를 만들 때는 미생물이 참여하지 않는다. 홍차는 외부의 미생물이 아니라 찻잎에 본래 들어 있는 효소의 작용으로 만들어진다. 미생물이 작용하지 않는데 발효차라고 하는 것은 오해 때문이다.

1950년대 영국 학자들은 홍차가 분명히 미생물의 작용으로 만들어진다고 생각했다. 그래서 '홍차는 발효차'라고 했다. 나중에 멸균 상태에서 홍차를 만들어보았다. 미생물이 홍차를 만든다면 멸균 상태에서는 홍차가 만들어지지 않아야 한다. 그러나 멸균 상태에서도 홍차가 잘 만들어졌다. 이 실험으로 홍차와 미생물은 상관없다는 것이 밝혀졌다. 홍차는 미생물과 상관없으니 '발효차'가 아니지만 오랜 관습 때문에 지금도 발효차라 불린다.

반면, 노주훈은 홍차를 만든다며 모차에 물을 뿌렸다. 그 결과 모차에 미생물이 발생했다. 미생물은 어디에나 존재한다. 모차에도 있다. 다만 모차는 수분함량이 9~12%로 너무 건조해서 미생물이 대량으로 번식하지 못한다. 모차에 넉넉히 물을 뿌리면 미생물이 살기 좋은 환경이 된다. 노주훈이 만든 차는 미생물 작용으로 만들어진 명실상부한 발효차였다. 사실 숙차를 만드는 과정은 미생물을 키우는 과정이라 할 수도 있다. 미생물이 한참 놀다 가면 모차가 숙차가 된다.

1954년 노주훈은 마카오를 떠나 홍콩으로 건너갔다. 그곳에서 자신의 차장을 개업했다. 차장의 이름은 복화호(福華號)였다. 그는 자신이 만든 보이차에 송빙맥(朱聘麥)이라는 이름을 붙였다. 그가 사용한 모차는 운남성, 절강성, 안휘성, 광동성, 베트남, 미얀마 등지에서 온 것이었다. 운남 지역 모차의 양이 충분하지 않았기 때문이다. 그가 만든 차는 여전히 잘 팔렸다.

어느 날 한 사람이 노주훈을 찾아왔다. 이름은 증감(曾鑒), 광동 사람이고 노주훈 지인의 조카였다. 그는 노주훈에게 보이차를 만드는 비법을 물었다. 노주훈은 자신이 터득한 비법을 그에게 알려주었다. 노주훈이 광동 사람에게 보이차 만드는 비법을 알려주었다는 이야기를 들고 그의 지인들은 장탄식을 했다고 한다. "아니, 그 비법을 알려주면 우리는 무엇을 먹고산단 말이오!"

그러나 그 일이 아니어도 홍콩에서 보이차를 가공하는 일은 점점 힘들어지고 있었다. 홍콩의 땅값이 무섭게 올랐기 때문이다. 발효를 시키려면 넓은 공간도 필요했고 시간도 오래 걸렸다. 홍콩의 집값이 계속 오르고 인건비도 상승하자 홍콩에서 차를 발효하는 것은 수지가 맞지 않는 비효율적인 일이 되었다. 이에 광동 사람들은 홍콩에 모차를 수출하지 않고 발효차로 만들어서 수출하기로 했다.

광동에서는 3인으로 구성된 전담반이 꾸려졌다. 그들은 홍콩과 마카오로 가서 차 상인들이 모차를 발효하는 방법을 배워왔다. 그리고 광동으로 돌아와 대량의 차를 발효하는 실험에 돌입했다. 실험은 2년 동안 계속됐다. 이 사람들 중에 노주훈에게 보이차 가공 비법을 배워간 증감의 동생이 있었다. 노주훈의 발효 비법은 증감과 그 동생을 통해 광동성다업공사로 전해졌다. 그리고 드디어 1957년에 광동에서 만든 발효 보이차가 선을 보였다. 지금 우리는 이 발효 보이차를 숙차(熟茶)라고 한다. 그리고 사람들은 노주훈을 '숙차의 아버지'라고 부른다.

그후 광동에서 만든 발효차가 본격적으로 대량생산 단계로 들어섰다. 이 시절 만든 보이차 중에 유명한 것이 광운공병이다. '광동에서 운남 원료로 만든 고급 보이차' 정도로 해석할 수 있는데, 사실 광운공병에는 운남차만 들어가지는 않았다. 당시 그들은 운남에서

공급받은 모차에 광동성, 광서성, 사천성 모차와 베트남에서 공수해
온 모차까지 섞어서 발효했다.

　이렇게 발효된 보이차는 광동성의 주요 수출품이 되었다. 〈광동성
다업공사지〉에 따르면 광동성에서 만든 발효 보이차는 1955년 수
출량 0에서(이때는 아직 발효차가 만들어지지 않았다.) 1983년에 3,858톤
으로 늘어났다. 우롱차(3,000톤), 육보차(973톤)에 비해 월등히 많다.
더구나 이 통계에는 내수가 포함되어 있지 않다. 내수까지 포함하면
1983년 광동에서 가공한 보이차는 약 8,000톤에 이른다.

숙차 만드는 기술은 홍콩에서 시작해 광동성으로 건너갔다.

# 1973년 운남, 발효 보이차를 만들다

1973년 이전까지 운남은 홍콩으로 직접 보이차를 수출하지 않았다. 나라에서 운남에 수출권을 주지 않았다. 대신 보이차 원료인 모차를 광동으로 보냈다. 광동은 홍콩에서 가까웠고 홍콩 사람들이 좋아하는 발효차를 만드는 기술도 있었다. 운남차로 만들면 품질이 가장 뛰어났지만 당시 운남에서 공급하는 양은 홍콩의 수요를 충당하기에 부족했다. 그래서 운남차와 광서차, 광동차, 베트남 차 등을 섞었다.

베트남 차를 공급받은 것은 원료 부족 때문이기도 했지만 두 공산주의 나라의 우호 때문이기도 했다. 중국은 차를 받아오고 베트남은 쌀을 가져갔다. 베트남 차는 발효해도 쓴맛이 나고 회감이 없었다.

차나무 품종이 문제였다. 그래도 두 나라의 우호를 위해 참았건만, 베트남이 중국을 멀리하고 친소련 정책을 펴자 더이상 베트남 차를 수입하지 않기로 했다. 당장 홍콩에 들어갈 차가 부족하자 1973년 중국 외무부가 운남성 정부에 전보를 보냈다. 급히 250톤의 보이차를 '발효해서' 홍콩에 공급하라는 것이었다.

"발효한 보이차라니? 대체 무슨 차를 말하는 거지요?"

당시 운남 사람들은 '발효한 보이차'가 무엇인지 몰랐다. 역사책에 '보이차'라는 말이 있긴 하지만, 그들이 이해하는 '보이차'는 그저 보이에서 생산되는 차일 뿐이었다. 운남 사람들은 모차를 춘첨(春尖), 춘예(春蕊), 춘아(春芽)로 부르고, 모차를 긴압하면 원차(圓茶), 타차(沱茶), 방차(方茶), 전차(磚茶) 등으로 불렀다. '발효한 보이차'는 본 적도 들어본 적도 없었다.

1973년, 중국토산축산수출입공사운남성다엽분공사(1972년 이후부터 사용했던 명칭이다. 여기서는 운남성공사로 약칭한다.) 영업사원 황우신(黃友新)이 광동성 광주(廣州)에서 열린 교역회에서 발효차 샘플을 가져왔다. 탕색이 붉고 엽저가 검고 진향(陳香)이 났다. 진향은 곰팡이 냄새와는 다르다. 오래 묵은 보이차에서 나는 독특한 묵은 향이다. 이것을 처음 접한 운남 사람들은 질색했다.

"홍콩 사람들은 이런 차를 마신단 말이야? 곰팡이 냄새가 나는데?"

"이 차는 유통기간이 지나도 한참 지난 것 같은데, 이런 차를 마셔도 죽지 않소?"

황우신이 그들에게 설명했다.

"발효차를 마시는 사람들은 이것을 진향이라고 하고, 처음 맛본 사람은 곰팡이 냄새라고 합니다. 홍콩 사람들은 진향이 없으면 보이차가 아니라고 합니다. 우리가 만드는 차는 발효를 하지 않으니 진향이 전혀 없는 것입니다."

진향이든 곰팡이 냄새든 운남 사람들은 처음 보는 차를 만들어야 할 입장이었다. 운남성공사 부사장이 광동에서 가져온 발효차 샘플을 들고 가까운 곤명 차창으로 갔다. 곤명 차창 창장도 처음 맛보는 차였다. 그는 검수과에서 일하는 오계영(吳啓英)을 불렀다.

"이 차를 가공할 수 있겠소?"

오계영은 안휘성농업대학교 차학과를 졸업하고 조국에 기여하고자 당시로서는 오지인 곤명에 와서 일하고 있었다. 그런 사람을 지식청년이라고 불렀다. 그들은 머리를 맞대고 샘플을 연구했다. 차는 잎이 튼실하고 흑갈색이 났으며 원료는 아주 거칠었다. 9~10등급의 저렴한 원료였다. 그때 곤명 차창 창고에 9~10등급짜리 거친 모차가 400톤이나 쌓여 있었다. 야생차 사건으로 티베트 공급량이 줄면서 남은 것이었다.* 본래는 전차를 만들 때 조금씩 섞어서 소비하

---

* 문화혁명 기간 동안 중국 정부는 티베트에 공급하는 차의 양을 1인당 200~250그램에서 4킬로그램까지 올리기로 했다. 그러나 정부에서 공급량을 늘리라 한다고 갑자기 생산량을 늘릴 수가 없었다. 차나무는 올해 심어서 내년에 수확하는 작물이 아니다. 아무리 열심히 가꾸고 보살펴도 최소한 몇 년은 기다려야 잎을 수확할 수 있다. 어쩔 수 없이 할당량을 채우기 위해 야생차를 섞었다. 그런데 사고가 생겼다. 야생차가 섞인 보이차를 마신 티베트 사람들이 어지러움증, 두통, 복통, 구토 등의 증상을 호소한 것이다. 이 사건을 계기로 운남은 야생차 수매와 사용을 금했다. 티베트는 이후 운남차의 수량을 통제했다. 1973년에 3만 8,500담이었던 것이 1976년에는 1만 5,100담으로 대폭 축소되었다.

려고 생각하고 있었는데 어떻게 보면 호재가 생긴 것이다. 그 원료로 발효차를 만들어 홍콩에 수출하면 쌓인 원료를 쉽게 소진할 수 있겠다고 생각한 오계영은 흔쾌히 대답했다.

"해보겠습니다."

곤명 차창, 맹해 차창, 하관 차창의 핵심 성원으로 꾸려진 숙차 전담조가 광동과 홍콩 등지의 숙차 가공시설을 참관하고 왔다. 곤명 차창에서 곧바로 대규모로 실험을 시작했다. 광동에서 보고 배운 대로 모차를 100~200킬로그램 쌓아놓고 물을 뿌렸다. 모차를 쌓아놓고 물을 뿌려 미생물이 생기게 만드는 과정을 악퇴(渥堆)라고 한다. 광동에서는 차를 쌓아놓고 물만 뿌려놓으면 미생물이 잘 생겼다. 그런데 운남에 와서는 그대로 했는데도 미생물이 생기지 않았다. 악퇴의 원리가 미생물을 이용해서 차의 성질을 바꾸는 것인데, 미생물이 생기지 않으니 차에 변화가 없었다.

오계영은 문제가 무얼까 고민에 고민을 거듭했다. 광동과 운남의 다른 점이 무엇인가 하나하나 꼽아보았다. 그러고 보니 광동과 운남은 여러 가지가 달랐다. 광동은 덥고 습한 반면 운남은 건조하고 기온도 낮았다. 미생물은 온도와 습도가 잘 맞아야 생긴다. 겨울철에는 쾌적한 화장실에 여름이 되면 곰팡이가 생기는 것도 덥고 습한 환경이 미생물이 살기 적당하기 때문이다. 잎을 쌓아놓고 물을 뿌리면 곰팡이가 생겨야 하는데, 곤명의 날씨가 너무 쾌적해서 곰팡이가 생기지 않았다.

'아, 어떻게 하면 될까?' 고민하던 오계영의 눈이 순간 반짝했다. '모차를 쌓아놓고 물을 뿌리면 약간의 미생물이 생기기는 한다. 문제는 이 미생물이 충분히 성장하고 번식하지 못한다는 것이다. 차를 조금씩 쌓지 말고 아주 많이 쌓아보면 어떨까? 그렇게 하면 찻잎 무더기가 온도와 수분을 잡아줄 수도 있을 것 같다.'

그녀는 과감하게 찻잎을 1톤 이상 쌓았다. 그리고 성공했다. 과연 찻잎 무더기가 보온상자 역할을 하며 수분을 잡아주었고 미생물이 발생하고 번식하면서 뿜어내는 호흡열이 찻잎 무더기의 온도를 점점 올렸다. 찻잎 무더기 온도가 올라갈수록 미생물이 더 많이 생겼다. 시커멓게 또는 허옇게 피어난 미생물을 보고 오계영은 기쁨의 눈물이라도 흘렸을까?

시행착오 끝에 어렵사리 첫 번째 발효차 12톤을 만들 수 있었다. 이 12톤은 같은 해 홍콩으로 수출됐다. 맹해 차창과 하관 차창에서 파견되었던 4인도 다음해인 1974년부터 실험에 돌입했고 현지 환경에 맞는 발효법을 개발했다. 1974년 맹해 차창은 숙차를 수출하기 시작했다. 몇 년 후부터 대량 수출이 가능해졌다.

1975년 하관 차창에서 만든 발효한 타차는 1976년부터 대량으로 프랑스에 수출되었다.*

---

* 楊凱, 「熟茶進化論」, 〈普洱〉, 2013년 4월호

# 숙차의 핵심 기술은
# 미생물-효소-습열

쇄청모차에 물을 뿌리고 1미터 높이로 쌓은 뒤 수분이 증발하지 않게
윗쪽에 습포를 덮는다. 며칠 기다리면 찻잎을 쌓아놓은 무더기에 미생
물이 발생한다. 미생물은 시간이 지나면서 점점 많아진다. 그와 동시
에 찻잎 무더기의 온도가 올라간다. 미생물이 호흡하면서 내는 열 때
문이다. 찻잎 무더기 바깥 부분보다 안쪽 온도가 더 높이 올라간다. 바
깥쪽에 비해 온도 손실이 적기 때문이다. 10일에 한 번씩 쌓아놓은 잎
을 위아래로 골고루 섞어 찻잎 무더기의 온도도 떨어뜨리고 산소도 공
급한다. 이렇게 40~60일이 지나면 악퇴가 끝난다.

완성된 차는 쇄청모차와는 확연히 다르다. 마른 차 색은 짙은 갈색이
고 탕색은 적갈색이다. 우리고 남은 이파리도 짙은 갈색이다. 쇄청모
차의 쓰고 진한 맛은 사라지고 부드럽고 순한 맛이 된다. 쇄청모차의
청향 대신 진향이 난다.

### 미생물의 작용
'정말 미생물이 숙차를 만드는 것일까? 미생물이 아닌 다른 무엇인가
가 숙차를 만들 수도 있지 않을까?'라고 생각하는 독자도 있을지 모르

겠다. 이것을 확인해 보기 위해 다음과 같은 실험을 했다. 찻잎에 방부
제를 뿌려 미생물을 다 죽이고 악퇴를 해보는 것이다. 미생물이 숙차
를 만드는 것이 맞다면 미생물이 다 죽었을 때는 숙차가 만들어지지
않을 것이다. (과거 홍차가 미생물로 만들어지는지 알아보기 위해 했던 실험이다.)
반대로 미생물과 상관없다면 미생물을 죽여도 숙차는 만들어질 것이다.
실험 결과 차에 물만 뿌린 경우 잎이 적갈색이 나고 탕색은 진한 붉은
색이 났다. 우리가 아는 숙차의 탕색과 잎색이다. 그러나 방부제를 넣
어 미생물을 죽인 쪽은 잎색이 묵녹색이고 탕색은 어두운 노랑색이었
다. 쇄청모차의 잎색, 탕색과 거의 비슷했다. 이 실험으로 숙차를 만드
는 데 미생물이 중요한 역할을 하는 것을 확인했다.

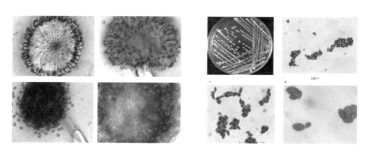

악퇴할 때 발생하는 검은누룩곰팡이와 효모균 ⓒ周紅傑

## 효소의 작용

미생물들이 어떻게 쇄청모차를 숙차로 만들까? 쇄청모차를 악퇴할
때 발생하는 미생물은 검은누룩곰팡이(*Aspergillium niger*), 푸른곰팡

이(*Penicllium*), 뿌리곰팡이(*Rhizopus*), 회녹국균(*Aspergillium gloucus*), 효모(*Saccharomyces*), 토국균(*Aspergillium terreus*), 백국균(*Aspergillium candidus*), 세균(*Bacterium*) 등이다.

먼저 미생물이 어떻게 사는지 알아보자. 미생물은 식물처럼 광합성을 하지 못한다. 그렇다고 동물처럼 식물이나 동물을 먹고 영양분을 섭취하지도 못한다. 그래도 미생물이 살아갈 방법이 있다. 효소다. 미생물은 여러 효소를 몸밖으로 내보내 단백질, 탄수화물 등을 분해한다. 이런 덩치가 큰 성분들이 효소의 작용으로 흡수할 수 있을 만큼 작아지면 그때 영양분을 흡수한다.

검은누룩곰팡이를 살펴보자. 이 곰팡이는 악퇴하는 동안 가장 많이 발생한다. 전체 미생물의 70%를 차지한다. 검은누룩곰팡이는 매우 많은 효소를 분비한다. 폴리페놀산화효소, 단백질분해효소, 펙틴분해효소, 섬유소분해효소, 반섬유소분해효소, 전분분해효소, 당화효소, 포도당배당체분해효소 등등이다.

두 번째로 수가 많은 효모균은 자당분해효소, 맥아당분해효소, 유당분해효소, 단백질분해효소, 지방분해효소, 인산분해효소, 탈카르복실화효소, 탈수소효소, 에놀라아제, 산화환원효소와 같은 여러 효소를 갖고 있다. 미생물이 분비하는 효소들이 차의 성분을 분해하고 산화시켜서 단백질과 탄수화물을 분해하고 차폴리페놀을 산화시킨다. 그 결과 쓰고 떫은맛이 줄어들고 차탕색이 붉게 변한다. 섬유소를 분해해서 단맛도 나게 한다. 우리가 아는 숙차가 되는 것이다.

## 습열 작용

또 한 가지 중요한 작용이 있다. 바로 열이다. 숙차를 만들 때는 특별히 실내온도를 올리지 않고 상온에서 진행한다. 그런데 물을 뿌리고 악퇴를 진행하면 찻잎 무더기 온도가 점점 올라간다. 온도가 올라가는 것은 미생물이 호흡하면서 열을 발생시키고, 효소가 차폴리페놀이나 단백질처럼 덩치가 큰 성분들을 분해할 때 열이 발생하기 때문이다. 이열과 수분이 차폴리페놀을 산화시킨다. 폴리페놀은 본래 효소에 의해서도 산화되지만 열과 수분이 있으면 효소 없이도 산화된다. 이런 비효소적인 산화를 자동산화라고 한다.

악퇴하는 동안 잎을 위아래로 잘 섞어서 아래 부분에 산소도 공급하고 열도 골고루 분산시킨다. ⓒ周紅傑

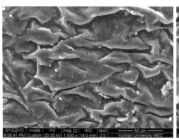

생차(왼쪽)와 숙차(오른쪽)를 1,500배 확대한 사진 ⓒ周紅傑

각각 생차와 숙차를 1,500배 확대한 사진이다. 생차는 유념할 때 생긴 약간의 상처 빼고는 비교적 완정한 모습이다. 그러나 모차에 물을 뿌려서 미생물이 발생하게 한 후 40~60일이 지나 완성된 숙차의 모습은 어떤가? 미생물이 실컷 살다가 떠난 자리는 섬유질이 모두 분해되어 사라지고 골조만 남아 곧 무너질 집처럼 생겼다. 섬유질뿐 아니라 폴리페놀이나 단백질 등의 덩치가 큰 화학성분들도 저렇게 분해되고 산화되었다. 그 결과 차의 쓰고 떫은맛이 줄고 단맛이 늘었다.

## 악퇴 중에 발생하는 곰팡이들

이 그래프는 악퇴를 거치는 동안 미생물이 어떻게 변화하는지 보여준다. 그래프의 가로축에 쓰인 숫자는 악퇴하면서 잎을 뒤집어준 횟수이고 세로축은 미생물의 수량이다. 악퇴하는 동안 몇 가지 미생물이 등장한다. 검은누룩곰팡이, 푸른곰팡이, 뿌리곰팡이, 회녹국균, 효모균, 세균 등이다. 이 미생물 중에서 네 가지는 그래프 가로축에 붙어서 꼼

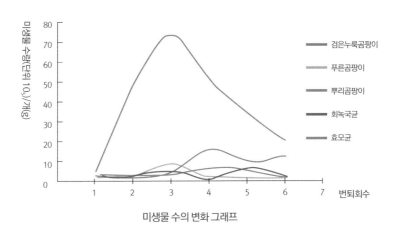

미생물 수의 변화 그래프

지락거리고 있다. 수량이 많지 않다는 뜻이다. 그러나 검은누룩곰팡이는 처음부터 대단히 왕성한 기세로 숫자를 늘려간다.

검은누룩곰팡이는 솟구쳐오르듯 증가하다가 정점에 이른 후에는 급격히 감소하기 시작한다. 왜 이런 일이 일어날까? 악퇴 후반부로 들어서면서 미생물이 살기 힘든 환경이 조성되기 때문이다. 미생물이 분비한 산성물질이 쌓여 잎 무더기의 pH가 산성이 된다. 먹이도 부족하다. 몇십 일 동안 격렬하게 효소를 분비해서 찻잎의 여러 성분을 분해하고 영양을 흡수하며 살아온 결과 찻잎에 미생물의 먹이가 될 만한 것이 처음보다 많이 줄었다. 게다가 악퇴를 마치면 찻잎을 건조한다. 수분이 충분치 않으면 미생물은 생장할 수 없다. 이 과정에서 거의 모든 미생물이 없어진다. 미생물은 환경에 매우 민감하다. 온도, 습도, pH 모두 적당하지 않으면 사라진다.

# 발효차를 제조했던 '서풍호'

여기서 잠깐 한 사람 이야기를 해보자. 그의 이름은 진패인이다. 앞에서 한 번 나왔는데, 본래 곤명에서 부친과 화성 차장을 운영하다가 신중국 건국 후 재산을 몰수당하고 곤명 차창에 배속받아 근무했던 사람이다.

황우신이 광주에서 발효차를 가져왔을 때 다른 사람들은 이것이 사람이 먹어도 되는 차냐고 질색했지만 진패인은 그 차가 낯설지 않았다. 1940년대 곤명에 있던 서풍호가 이런 차를 만들어 판 것을 본 적이 있었다. 당시 곤명 사람들은 그 차를 거들떠보지도 않았다. 그 차의 맛과 향이 곤명 사람들이 좋아하는 스타일이 아니었기 때문이다. 그렇지만 서풍호에서 만든 차는 언제나 매진이었다. 그 차를 사는 것은 광동에서 온 상인들이었다. 진패인은 이것을 대수롭게 보지 않고 자기도 직접 만들어보았다. 실험은 성공적이었다. 그러나 차를 만들어도 곤명에서는 살 사람이 없으니 실험에 성공한 것에 의미를 두고 잊고 있었는데 30년이 지난 1973년에 운남성공사 영업부 직원이 홍콩에서 같은 차를 가져왔다.

이에 진패인은 발효차 전담반에 들어가고 싶었다. 중요한 역할을 하고 싶었고 또 전담반에 들어가면 일을 잘할 자신도 있었다. 그러나 끝내 전담반에 뽑히지 못했다. 과거 자본가였던 것이 몇십 년이 지난 후까지 발목을 잡았다. 운남성공사는 자본가 출신에게 이런 중요한 임무를 맡길 수 없다고 했다. 광동으로 간 것은 곤명 차창의 오계영, 과거 서풍호에서 보이차를 팔았던 안증영(安增榮), 이계영(李桂英)과 맹해 차창의 추병량(鄒炳良), 조진흥(曹振興), 하관 차창에서 파견한 2인 등 총 7명이었다. 진패인은 곤명에 남았다. 그는 창장에게 면담을 요청했다.

"제가 이 차를 만들 수 있습니다. 전에 곤명에 있던 서풍호에서 이런 차를 만들었습니다. 딱 이렇게 생겼습니다. 탕색이 붉고 이상한 냄새가 났어요. 우리는 다 별나다고 했는데 광동 사람들이 와서 그 차를 다 사 갔습니다."

창장은 진패인에게 미안한 마음도 있었기에 그의 편의를 봐주고 싶었다.

"내가 어떻게 하면 되겠소?"

"모차를 주십시오. 옛날에 했던 방법대로 발효차를 만들어보겠습니다."

"알겠소, 그러면 9등급 모차 1톤을 배정해 주겠소."

말했다시피 곤명 차창 창고에는 야생차 사건으로 티베트에 못 들어가고 남은 모차가 산더미처럼 쌓여 있었다. 진패인에게 1톤 정도 배정하는 것은 어렵지 않았다. 진패인은 옛 기억을 떠올리며 작업에 몰입했다. 다행히 발효는 잘됐다. 이제 차를 건조하면 되는 순간이었다. 갑자기 진패인은 걱정이 되었다. '지금까지는 잘됐는데, 만약 건조가 잘 안 되면 어쩐다? 잘 마르지 않으면 차에 문제가 생길 수도 있는데…….' 이렇게 생각한 그는 차를 열풍기로 바짝 말렸다.

진패인이 만든 1톤은 전담조가 만든 차와 함께 홍콩으로 팔려갔다. 하지만 홍콩 상인들은 그의 차에 불만을 표시했다. 차를 너무 높은 온도에서 건조한 것이 문제라고 했다. 결국 진패인의 방식은 채택되지 않았다. 높은 온도에서 건조한 것 때문에 그렇지는 않았을 것이다. 건조가 문제였다면 다음부터는 건조 방법을 개선하면 될 일이었다. 진패인의 방식이 채택되지 않은 것은 발효 방식 때문일 것이다. 진패인은 모차를 조금씩 발효했다. 그 속도로는 홍콩에서 요구하는 수량을 맞출 수가 없었다. 그래서 채택된 것이 오계영의 방법이었다. 오계영은 모차를 몇 톤씩 대량으로 발효했다.

진패인은 퇴직할 때까지 계속 곤명 차창에서 일했다. 퇴직 후에는 곤명 차창에서 마련해 준 퇴직자 주택에 머물며 퇴직연금으로 생활

했다. 다행히 비교적 평안한 노후를 보낸 듯하다. 그는 퇴직 후에도 햇차가 나오면 시장에서 모차를 몇 킬로그램 사다 직접 발효해서 주변에 나누어 주었다.

기자가 노년의 그를 찾아가 인터뷰하면서 이렇게 물었다. "예전에 화성 차장을 운영하실 때 차를 홍콩까지 수출하셨나요?" 진패인은 이렇게 대답했다. "내비에는 우리 차가 홍콩에서도 인기가 좋다고 썼지만, 그건 거짓말이었어. 그렇게 쓰면 있어 보여서 그랬지." 웃음이 나는 솔직한 대답이다. 아마 그렇게 과장한 것이 진패인만은 아니었을 것이다.

청나라와 중화민국 시절 보이차의 전성기를 이끌었던 이무의 옛집

# 햇빛에 말린 모차 vs 기계로 말린 모차

보이차의 원료인 쇄청모차는 햇빛에 말려야 한다. 볕이 좋은 봄날, 잘 마르고 있는 잎 바로 위의 온도를 재어보니 약 40도가 나왔다. 기온으로 치면 높지만 차를 건조하는 데는 낮은 온도다. 이처럼 낮은 온도에서 오래 말리면 차에 들어 있는 엽록소에서 마그네슘이 떨어져나온다. 마그네슘이 결합된 엽록소는 초록색, 마그네슘이 떨어진 엽록소는 검은 녹색이다. 그래서 햇빛에 여러 시간 말린 찻잎은 검은빛 녹색이 된다. 그런데 보이차 중에는 초록색이 나는 것도 있다. 햇빛에 말리지 않고 기계로 말린 차들이다. 100도 이상의 열풍으로 빨리 차를 말리면 잎 색이 선명한 초록색이 된다. 햇빛에 말리는 차에 비하면 높은 온도에서 순식간에 건조되므로 엽록소에서 마그네슘이 미처 떨어져나오기 전에 건조가 끝난다. 야채를 급속 냉동시키면 색이 보존되는 것과 같은 원리다.

보이차는 햇빛에 말린 모차로 만들라고 강조를 하는데, 기계로 말린 모차로 보이차를 만들면 어떻게 될까? 운남보이차협회 추가구 회장이 지은 <만화보이차>에 이런 이야기가 나온다. 1970년대, 추가구가 성공사에서 근무할 때 직속 차창에서 주문량을 맞추기 힘들 때는 팔고 남은 녹차를 보이차에 섞어서 납품하는 일이 간혹 있었다고 한다. 이 녹차는 운남성 대엽종을 높은 온도에서 건조한 것이다. 즉 우리가 지금 이야기하고 있는 기계로 말린 모차다. 이런 차를 납품받으면 홍콩 상인들은 다음번에 만났을 때 '작년에 보낸 보이차에는 녹차가 섞여 있었습니다. 이런 차는 후발효가 안 됩니다' 하고 몹시 불만을 토로했다고 한다.

2006년에도 중국 보이차 애호가들이 이 문제를 자주 토론했다.

"보이차는 시간이 갈수록 진향이 나고 숙성된 맛이 나는데 어떤 보이차는 점점 써지고 맛이 없어집니다. 왜 이럽니까?"

이런 차들이 바로 고온에 건조한 모차로 만든 보이차였다.

"여러분, 이런 차는 절대 사지 않아야 합니다. 그런 차는 아무리 두어도 절대 후발효가 되지 않습니다. 그냥 버립니다."

경험자가 이렇게 말하자 그런 차맛을 보지 못한 사람들은 조금 걱정이 되어 물었다.

"나도 혹시 그런 차를 사게 될지 모르는데 그런 차들을 알아볼 수 있는 방법이 있습니까? 맛이 어떤가요?"

한 사람이 이렇게 대답했다.

"한 번 마셔보면 결코 잊을 수 없는 맛입니다."

같은 해 나도 차 시장에서 운좋게(?) 그런 차를 한 편 구입했다. 처음에는 밝은 초록색이었고 녹차처럼 고소한 향이 났다. 맛도 그리 나쁘지 않았다. 그런데 몇 년 후에 보니 이게 웬일인가? 예쁜 초록색은 윤기 없이 탁한 검은색이 되어 있었다.

같은 해에 구입한 다른 차와 비교해 보았다. 햇빛에 말린 모차로 만든 보이차는 윤기가 자르르 흘렀다. 둘은 한눈에도 차이가 났다. 우려서 마셔보니 기계로 말린 보이차는 썼다. 다른 맛은 느껴지지 않고 오직 쓴맛만 났다. 고소했던 향기도 사라지고 없었다. '정말 한번 맛보면 결코 잊을 수 없는 맛이구나!' 하는 생각이 들었다. 반면 햇빛에 말린 모차로 만든 보이차는 거부감 없이 부드럽고 좋은 맛으로 숙성되어 가고 있었다. 편안한 느낌이었다.

이쯤 되면 보이차는 반드시 햇빛에 말린 모차로 만들어야 할 것 같은데 왜 기계로 말리는 것일까? 현실적인 제약 때문에 그렇다. 햇빛으로 말려야 후발효가 잘되고 품질이 좋다는 것을 알지만 실제로 이렇게 하려면 어려운 문제가 있다. 대규모 다원을 예로 들어보자.

끝없이 펼쳐진 다원에 한 가지 품종의 차나무가 자라고 있다. 품종이 같으니 새잎이 나오는 시기도 거의 같다. 봄날, 한 나무에서 잎이 돋아나면 그로부터 10일 후에는 전체 다원의 차나무가 다투어 잎을 피워낸다. 이제부터 전쟁이 시작된다. 종일 잎을 따고 밤새 가공한다. 문제는 건조다. 1킬로그램의 차를 말리려면 1평의 땅이 필요한데 쏟아져 나오는 차를 전부 말릴 만큼 넓은 땅을 확보하기가 힘들다. 그래서 어쩔 수 없이 기계로 말린다.

우기도 마찬가지다. 운남의 우기는 5월 말부터 8월 말까지다. 이 3달 동안 비가 왔다 멈췄다를 계속한다. 이때도 햇빛에 차를 말리기 힘들어 열풍이 나오는 기계를 이용한다. 그렇다고 큰 공장에서 무조건 다 기계를 쓰는 것은 아니다. 기계로 말리려면 전기든 석탄이든 에너지를 써야 하니 햇빛이 좋고 찻잎이 몰리지 않을 때는 최대한 햇빛을 이용한다. 햇빛이 좋은데 굳이 돈 들여가며 기계를 돌릴 필요는 없다.

이무차산에서 유념이 끝난 잎을 햇빛에 말리고 있다.

# 1973년 '칠자병차'의 탄생

PU'ER
TEA

광동과 운남에서 발효한 보이차(숙차)를 만들었다고 해서 홍콩 사람들이 차를 전혀 저장하지 않은 것은 아니었다. 인공으로 발효한 숙차는 가격이 저렴하고 성가실 일이 없어서 좋았지만 홍콩 사람들의 입에는 진향이 부족했다. 우리나라 말로는 '묵은 향'이라고 번역하면 마땅할 진향은 생차를 지하창고에 넣어서 익혔다가 건조하고 바람이 통하는 곳에서 오래 보관한 차에서 났다. 보이차가 창고에 들어갔다가 진향이 나는 차가 되어 나오는 데는 최소 10년이 걸렸다. 이 진향이 없으면 홍콩 사람들은 차에서 무엇이 빠진 듯하다고 생각한다. 그래서 차루에서 무료로 제공하는 차라도 숙차에 10년 이상 묵혀서 진향이 나는 생차를 적당한 비율로 섞어서 내야 했다.

홍콩 상인들은 운남에서 숙차를 수입할 때 생차도 같이 수입하고 싶어했다.* 운남 사람들은 1973년 광동성에 가서 숙차 만드는 법을 배워왔는데, 생차는 전부터 쭉 만들고 있었던 것일까? 아니다. 신중국 건국 후 홍콩 수출용으로 만들었던 원차는 1958년 이후부터는 생산되지 않았다. 그후 1969년에 소량 생산했다가 다시 끊어졌다. 그동안은 계속 광동에 모차를 공급했다. (숙차도 안 만들고 생차도 안 만들었다면 운남에서는 대체 무슨 차를 만들었는지 궁금해하는 독자분이 있을지 모르겠다. 그 기간 동안 운남 사람들은 주로 녹차와 홍차를 만들었다.)

운남 사람들은 홍콩 상인들의 요청을 받아 생차도 만들어야 했다. 생전 처음 보는 발효차를 만들었는데 그에 비하면 생차 만드는 것은 훨씬 쉬웠다. 오계영 등은 1958년에 마지막으로 수출했던 원차의 배합비율을 연구했다. 그 배합비율을 바탕으로 시범적으로 만든 생차 10.2톤이 1973년에 홍콩으로 수출되었다.

〈운남성다엽진출구공사지〉에 '1973년 홍콩으로 보낸 '병차'가 10.2톤이었다'고 기록되어 있다. 여기서 말하는 병차가 생차다. (같은 해 숙차는 '보이차'라는 이름으로 12톤을 수출했다.) 1975년에 수출한 병차, 운남청, 보이차, 홍차가 모두 104톤이라고 했다. 운남청은 발효도가

---

*운남성공사에서 근무했던 범결(范潔)이 쓴 〈73년에 생산한 생차의 전생과 현생〉이라는 글에 따르면 '1973년 홍콩 상인들의 요구에 따라 운남성다엽공사에서 차 전문가 담자립(譚自立), 오계영, 왕성은(王星銀)이 칠자병차를 다시 생산할 방법을 연구했다. 운남성 역사상 칠자병차(홍콩 수출용 원차)는 1850년대부터 홍콩에 수출되어 인기가 많았지만 1958년 이후로 생산되지 않았다. 운남성 전통 수출상품을 회복하기 위해 1973년 원래의 품질규격에 따라 하관 차창과 맹해 차창에서 시험생산하게 했다'고 한다.

충분하지 않아 녹차라고 이름을 붙여 수출한 숙산차, 보이차는 숙차, 홍차는 우리가 아는 홍차다.

　왼쪽 사진은 이때 새로 나온 포장지다. 둥근 포장지 위쪽에 상품명이 쓰여 있고, 아래쪽에 이 차를 생산한 회사 이름이 있다. 상품명은 '운남칠자병차'다. '병차'라는 이름이 공식적으로 쓰인 것은 이때부터다. 아래쪽 회사 이름은 '중국토산축산진출구공사운남성다엽분공사'다. 오른쪽 사진은 1950년대 만들었던 홍인이다. 위쪽에 차를 만든 회사인 중국다업공사운남성공사 이름이 나오고, 아래쪽에는 이 차의 상품명인 중차패원차가 쓰여 있다. 1950년대는 원차, 1970년대는 병차라는 이름으로 바뀐 것을 확인할 수 있다.

# 생산관리를 위한 로트번호의 등장

PU'ER
TEA

숙차가 개발된 후 운남의 여러 차창은 같은 중차패 포장지를 썼다. 처음에는 괜찮았지만 수출량이 많아지면서 영업할 때 헷갈리는 등 문제가 생겼다. 그래서 당시 운남성공사 산하에 있던 맹해 차창, 곤명 차창, 하관 차창 등지에서 생산하는 긴압차와 산차를 구별하기 쉽게 각각 번호를 부여했다. 긴압차는 4자리 숫자, 산차는 5자리 숫자였다. 1976년의 일이다.

이 번호를 로트번호라고 한다. 1976년에 만들었던 로트번호 7572를 예로 들어보자. 7572는 맹해 차창에서 지금도 생산하는 대표적인 숙차다. 75가 무슨 의미인가에 대해 이견이 많다. 7572 배합비율이 처음 만들어진 해를 가리킨다고도 하고, 75년에 숙차를 개발한 것을 기념한 것이라고도 한다. 그러나 1976년에 처음 만들어진 로트번호 중에 7793이라는 번호도 있는 것을 보면 1975년에 만든 배합비율이라서 75를 쓴 것은 아닌 듯하다. 나중에는 2000년도에 생산한 차에 7262라는 번호를 달기도 하고, 9016이라는 전혀 새로운 번호가 나오기도 했다. 7572라는 번호 자체를 하나의 배합비율이라고 생각하면 될 것 같다.

세 번째 숫자는 원료 차의 등급과 관련이 있다고 한다. 마지막에 나오는 2자는 맹해 차창에 부여된 고유번호였다. 곤명 차창은 끝자리가 1, 하관 차창은 3, 보이 차창은 4였다. 산차는 이 숫자가 5자리다.

〈하관 차창지〉에 따르면 1976년 처음 만들어진 로트번호는 다음과 같다. 곤명 차창에서 생산한 차 4종은 75081, 75091, 75101(이상 숙산차*), 7581(전차)이었다. 맹해 차창은 7572**, 7682(이상 숙병차), 74092, 74102(이상 숙산차), 74342, 74562, 74782(이상 운남청)이었다.

운남청(雲南靑)은 본래는 운남산 녹차를 가리키는 말이지만 74342, 74562, 74782는 녹차가 아니라 숙차였다. 발효가 잘되지 않아 탕색이 숙차의 기준인 돼지간 색보다 옅었기 때문에 어쩔 수 없이 운남청이라는 녹차 품목으로 수출했다.***

---

* 긴압하지 않은 숙차
** 어린잎을 병면에 뿌리고 7~8급 원료를 중심으로 병배했다. 계획경제시대에 생산되었던 중요한 숙병차다. 1970년대부터 지금까지 생산되고 있다.
*** 당시 기술로는 등급이 높은 어린잎을 숙차로 만들었을 때 발효가 잘되지 않았다. 운남에서 처음 숙차 가공에 성공한 것은 모두 잎이 컸다. 어린잎은 자꾸 악퇴에 실패했다. (자세한 기록이 없지만 아마도 잎이 어려서 악퇴하는 동안 타버린 것 같다.) 어린잎을 악퇴하는 데 성공한 것은 1990년대 들어서였다.

하관 차창은 76073, 76083, 76093(이상 숙산차), 7663, 7763(이상 타차), 7793(이상 전차)이었다. 로트번호가 부여된 후로는 영업사원이 더이상 차를 헷갈리지 않고 다룰 수 있게 되었다. 이 번호는 아직까지 쓰이고 있다.

# 7542, 73청병은 언제 만든 차인가?

'73청병'이라는 차가 있다. 맹해 차창에서 생산한 7542 생차다. '73청병'이라는 이름은 일종의 별명으로 대만 상인이 지었다고 한다. 이 차가 몇 년도에 만든 것인가를 놓고 대만 상인들과 운남 사람들 사이에 이견이 있다. 과거 보이차는 한 상자에 12통이 들어갔다. 생산자는 12통짜리 상자에 차의 종류, 로트번호, 생산자, 총무게, 순중량 등이 기록된 간단한 인쇄물을 한 장씩 넣어두었다.

그 종이에 501이라든가 702이라든가 하는 번호가 따로 도장으로 찍혀 있다. 501이나 702 같은 숫자가 무엇을 의미하는지를 소비자는 알 수가 없다. 애초에 운남성공사에서 소비자들이 알아보기 쉽게 하려고 만든 것이 아니기 때문이다. 로트번호처럼 이 번호도 운남성공사 내부자들끼리 쉽게 소통하려고 구상한 것이었다.

이제 501, 702의 의미가 무엇인지 살펴보자. 앞의 숫자는 어떤 해의 마지막 숫자를 가리킨다. 즉 1985년에 생산된 차는 5, 1987년에 생산된 차는 7로 시작하는 도장을 찍었다. 5와 7 뒤의 두 자리 수는 이 차가 그해에 몇 번째로 생산되었는가를 표시한다. 예를 들어 1985년에 첫 번째로 만든 7542라면 7542-501이라고 표시한다. 1987년에 두 번째 주문을 받아 만든 7542라면 7542-702라고 썼다.

소비자에게는 불친절하지만 내부자들끼리는 일종의 암구호 같은 것으로 작업 효율성을 높일 수 있었다. 상상해 보자면 운남성공사에서 맹해 차창에 주문을 한다. "홍콩에서 7542를 20톤 주문했습니다. ○월 ○일까지 생산해서 곤명으로 올려보내 주십시오.", "예, 알겠습니다. 올해가 1987년이고 이번 주문이 올 들어 세 번째니까 7542-703이라고 찍겠습니다." 이런 식이었다.

'73청병' 12통짜리 한 상자에도 이 종이가 들어 있다. 거기 찍힌 번호는 7542-501 혹은 7542-503이다. 7542-501의 '5'는 1975년을 가리킬 수도 있고 1985년을 가리킬 수도 있다. 이 차를 판매하는 상인들은 7542-501의 5는 1975년을 가리킨다고 한다. 그러나 운남 사람들은 7542-501의 5가 1985년의 5라고 한다. 누구 말이 맞을까? 결론은 운남 사람들 말이 맞다. 조금만 생각해 보면 답이 금방 나온다. 로트번호가 처음 생긴 것이 1976년이다. 아직 로트번호가 없던 1975년에는 7542-501이라는 표기를 할 수가 없었다. 그러니 '73청병'은 1975년이 아니라 1985년에 만든 차다.

# 프랑스로 간
# 하관 차창 타차

PU'ER
TEA

프랑스 사람 프레드 켐플러(Fred Kempler)는 1976년 어느 날 홍콩 골동품 거리를 걷고 있었다. 아시아 골동품을 찾아 프랑스에 판매하는 것이 그의 직업이었다. 홍콩의 활기는 언제나 그를 약간 들뜨게 만들었다. 기분좋게 시끌벅적한 거리를 걷고 있던 그가 갑자기 무언가를 발견하고 길 건너 가게를 향해 돌진했다. 무단횡단도 서슴지 않았다. 그는 작은 가게의 쇼윈도 안을 뚫어져라 쳐다보았다. "아, 드디어!" 그의 입에서 감탄사가 나왔다. 젊을 때 그는 2차대전에 참전했다. 생사가 갈리는 전장에서 친하게 지내던 영국군 장교가 주먹만한 차를 선물로 주었다.

"이건 티베트 사람들이 목숨보다 귀하게 여기는 차라네. 티베트는 해발 4,000~5,000미터인데, 그 사람들은 이 차를 마신 덕에 세상에서 가장 열악한 환경에서 살아남을 수 있었지. 차는 운남차가 제일 좋다네. 그런데 이 차가 여간 비싼 게 아니야. 야크 한 마리하고 차 하나를 바꾼다네. 가난한 사람들은 사원에 가서 라마들이 마시고 버린 차 찌꺼기를 주워다 마신다고 하더군."

켐플러는 그의 이야기를 인상 깊게 들었다. 영국 장교가 선물로 준 차는 이미 30년이 넘어 탕색이 프랑스 브랜디 같았다. 심장처럼 생기고 신비한 향을 내는 그 차를 그는 몹시 아꼈다. 1944년 노르망디에 낙하산을 타고 뛰어내릴 때도 품속에 티베트에서 온 차를 넣고 있었다.

그러나 티베트 사람들이 마신다는 것을 제외하면 차 이름이 무엇인지 어디서 만들었는지 등등 아는 것이 전혀 없었다. 전쟁 후에 그 차를 더 찾아보려고 애썼지만 쉽지 않았다. 그렇게 세월이 흘렀는데, 우연찮게 홍콩의 작은 가게에서 보게 된 것이었다.

"이 귀한 차가 이 집에 있네요!"

반가운 마음에 가게로 뛰어들며 이렇게 말했다.

"귀하긴요, 이것은 아주 싼 차입니다. 운남에서 온 보이차라는 건데, 우린 밥 먹고 소화시키려고 마십니다. 더 고급차를 보여드릴까요?"

그러나 켐플러의 눈에 다른 것은 들어오지 않았다. 그는 중국에서 홍콩에 세운 수출 대표기구를 찾아갔다. 그곳에서 켐플러는 자신이

프랑스로 수출되었던 타차의 포장.
동그란 종이 상자다.

원하는 심장형 긴차는 1967년에 문화혁명을 겪으며 이미 사라졌다는 것을 알게 되었다. 우여곡절 끝에 그는 긴차 대신 창고에 있던 보이 타차 1.2톤을 전부 구입해서 프랑스로 가져갔다. 이때 그가 구입한 것은 숙차였다.

다음해, 켐플러는 기존에 운영하던 골동품상을 그만두고 보이차의 유럽 총판을 맡았다. 이미 60이 넘은 나이였지만 대단히 의욕적으로 보이차를 홍보하고 판매했다.

보이차가 유럽에 판매되고 10년이 지난 1986년, 켐플러는 운남에 이런 제안을 했다. "보이차를 마시면 몸에 어떻게 좋은지 실험을 해봅시다. 우리는 프랑스에서 할 테니 당신들은 곤명에서 동시에 실험을 해보세요." 켐플러의 의견에 따라 양국의 의과대학에서 보이차의 효능에 대한 임상실험이 진행되었다. 그 결과 보이차는 고지혈 개선과 체중 감소에 탁월한 효과가 있음이 입증되었다. 보이차는 40년이 지난 지금까지도 프랑스에서 꾸준히 잘 팔리고 있다.

# 운남을 긴장시킨
# 곰팡이 차 사건

PU'ER
TEA

어떤 분이 사진을 보내왔다. 보관하던 차에 곰팡이가 피었는데, 먹어도 되는지 물었다. 사진을 보니 드물게도 차에 검은색, 노란색, 하얀색 곰팡이가 같이 피어 있었다. 이런 곰팡이 핀 차를 마셔도 될까? 과거 1970년대 중국에 비슷한 일이 있었다. 그들은 그 차를 어떻게 했는지 살펴보자.

1979년에 사고가 났다. 일명 '곰팡이 차 사건'이다. 운남성공사에서 몇십 년 동안 일한 추가구가 곰팡이 차 사건을 〈만화보이차〉에 기록했다. 사건의 발단은 1979년 5월 경곡 차창(景谷茶廠)에서 만든 전차를 싣고 티베트로 가던 기차가 청해성(青海省) 어디선가 사라진 것이었다. 기차가 통째로 사라지는 것은 지금 같으면 상상할 수도 없는 일이지만 문화혁명이 막 끝난 어수선한 때라서 그런지 정말 그런 일이 일어났다.

기차는 가을에 나타났다. 사라진 이유도 알 수 없고 갑자기 나타난 이유도 알 수 없었다. 문제는 차였다. 노란색, 검은색, 초록색 곰팡이가 잔뜩 슬어 있었다. 티베트에서는 물건을 물리자고 했다. 뿐만 아니라 그에 따른 비용도 운남에서 내라고 했다. 운남에서는 어떻게든 차를 물리는 것만은 피하려고 사방으로 다니며 애를 썼다. 그러나 야생차 사건 때문에 운남 차에 대한 이미지가 안 좋아진 상태에서 곰팡이 차 사건까지 생긴 마당이니 티베트는 완강했다.

운남에서 조사단을 파견해 곰팡이 핀 차를 표본조사했다. 곰팡이가 피지 않은 것과 노란색 곰팡이가 핀 것이 84%, 검은곰팡이, 초록곰팡이 등이 핀 것은 얼마 되지 않았다. 벌써 1952년에 북경에서 곰팡이 중에서도 노란곰팡이는 먹어도 해가 되지 않는다는 실험 결과가 나왔다. 그럼에도 사람들은 여전히 곰팡이 핀 차를 두려워했다.

검은곰팡이가 안전하다고 하지만 검은곰팡이를 이용해 발효를 거친 식품 등이 안전하다는 말이지 검은곰팡이 자체를 섭취하는 것은 위험하다. 흰곰팡이도 위험하다. 매우 습한 환경에 노출된 차에 흰곰팡이가 피는데, 이를 실험하면 곰팡이 독소가 검출되었다고 보고한 논문이 있다.

곰팡이가 핀 차 사진을 보내온 분께는 그 차를 드시지 않는 것이 낫겠다고 말씀드렸다.

변방 소수민족의 차,
최고의 차로 돌아오다

# 보이차의 화려한 귀환

PU'ER
TEA

문화혁명이 끝난 후 중국은 계획경제에서 시장경제로 전환하기 시작했다. 보이차도 시대의 영향을 받았다. 특히 1980년대~2000년대 초까지의 가까운 과거에 보이차는 폭풍우가 휘몰아치는 듯한 큰 변화를 겪었다. 그 변화의 중심에 대만 사람들이 있다. 대만 사람들이 보이차의 가치에 눈뜨면서 보이차는 싼 가격이 장점인 일상의 차에서 마실 수 있는 골동품이 되었고, 최고의 차가 되었다. 동시에 가장 어둡고 혼탁한 차가 되어 결국 고꾸라지고 말았다. 그러나 다시 재기했다. 보이차는 꿈틀거리는 생명력으로 살아 숨쉬는 것 같다.

NATURE · ORGANIC
pu'er
tea
NATURE · ORGANIC

과거 중국은 홍콩에 덕신행(德信行)이라는 기구를 만들었다. 덕신행은 중국 농산물 수출을 관장하는 대표기구다. 중국 농산물을 수입하고 싶은 외국 상인은 먼저 홍콩에 있는 덕신행으로 연락을 해야 했다. 지금이야 사려는 사람보다 농산물이 많지만 당시에는 공급보다 수요가 많았다. 덕신행은 자본력도 갖추고 시장도 장악한 상인에게만 농산물 수입을 허락했다. 덕신행이 차를 수입할 수 있는 권한을 준 수입상은 15명이었다. 이들을 1급대리상이라고 부른다. 1급대리상은 대량으로 수입해서 대량으로 거래했고 소매는 하지 않았다. 그들은 차를 수입하면 2급대리상에게 넘겼다. 2급대리상도 차를 받아 3급대리상에 넘겼다. 3급대리상은 소매상인들이었다.

일반적으로 차를 많이 저장한 사람들은 차루를 운영하는 사장들이었다. 차루는 홍콩 사람들이 딤섬과 함께 차를 마시며 친구도 만나고 혼자 신문도 읽고 비즈니스 협상까지 하는 곳이었다. 홍콩의 차루 문화는 청나라 말부터 중화민국 초기에 형성되었다. 굉장히 오래된 문화인 것이다. 그들은 아침에 일어나면 양치질만 하고 바로 차루로 가서 아침식사로 딤섬을 먹었다. 차루는 딤섬을 주문하는 손님에게 보이차를 무료로 제공했다. (딤섬과 함께 마시는 보이차는 정말로 맛있다. 먼저 딤섬을 한 개 먹어서 입에 기름칠을 하고 보이차를 마시면, 세상에 그보다 부드럽고 맛있는 차가 없다. 품질이 떨어지는 차라도 맛있게 느껴진다.)

어마어마한 양의 보이차가 차루에서 소비되었는데, 보이차를 무료로 제공할 수 있었던 것은 값이 쌌기 때문이다. 값비싼 우롱차나 홍차를 무료로 제공하는 것은 상상할 수도 없는 일이고, 육안차만 해도 비용을 감당하지 못했다.

차루에서 공급하는 차가 아무리 무료라도 맛은 일정해야 했다. 이번에 들어온 차와 지난번 차의 맛이 너무 다르면 손님들이 불평하니 언제나 차를 넉넉히 쌓아두어야 했다. 차루 사장들은 비용을 절감하기 위해 지하 창고에 보이차를 보관했다. 강한 보이차를 덥고 습하고 바람도 안 통하는 창고에 넣어두고 오래 기다리면 그들이 좋아하는 부드럽고 매끄럽고 달달한 차가 되었다.

# 홍콩 사람들이
# 노차를 만드는 방법

PU'ER
TEA

홍콩에서 구체적으로 어떻게 차를 보관했을까? 운남성다엽협회 추가구 회장이 〈만화보이차〉에 이렇게 썼다. 1980년대 운남성공사 수출과 과장이었던 추가구는 광주교역회에서 요계(妖計)를 만났다. 요계는 1950년대 중기에 운남 보이 산차를 소매로 취급하다 1970년대 중반부터는 2급대리상으로 교역회에 참가했고, 1980년대에는 1급대리상으로 승급되었다. (당시 광주에서 교역회가 열리면 먼저 1급대리상이 가서 샘플을 둘러보고 주문을 했다. 2급대리상은 1급대리상의 주문이 끝난 후 교역회에 갈 수 있었다.)

그 시절 1급대리상이나 2급대리상들은 보이차를 많이 저장하지 않았다. 〈운남성다엽진출구공사지〉에 따르면 1980년대 초부터

1990년대 초까지 홍콩 차상인들이 운남 보이차(숙차)에 대해 이런 불만을 토로했다. "어떤 차들은 발효가 잘되지 않아 엽저에 푸른색이 돌고 물맛과 신맛이 납니다. 이런 차들은 홍콩에 도착한 후에 얼마 동안 창고에 저장했다가 출시해야만 하는데 그 때문에 창고비 등 비용이 증가하니 대량으로 수입하고 싶지 않습니다." 이 구절을 보면 일반적인 1급대리상들은 피치 못할 경우가 아니면 차를 저장하지 않았다는 것을 알 수 있다.

그러나 요계는 차를 많이 저장했다. 홍콩 곳곳에 창고가 10개나 있었다. 그는 다른 도매상들과 달리 차루에 도매를 주지도 않고 오직 소매로만 팔았다. 시간적·경제적 여유가 있어서 요계처럼 보이차를 오래 저장하면 가격이 올라갔다. (물론 다른 1급, 2급대리상들도 이것을 모르는 바는 아니었으나 그러기에는 창고 비용도 너무 많이 들고 시간도 오래 걸려서 많은 양의 차를 받아 최대한 빨리 손에서 떨어버리는 영업방침을 고수했다.) 1979년 성공사 회의에 참석한 한 직원이 이렇게 기록했다. "10년 이상 저장한 병차는 한 편에 120홍콩달러에 팔린다." 120홍콩달러는 매우 높은 가격이었다.

1990년대 초에 추가구는 요계의 차 창고를 참관했다. 그의 창고는 모두 지하에 있었다. 신차와 노차가 바닥부터 천장까지 가득 차 있었다. 에어컨도 제습기도 가습기도 없었다. 습도를 인위적으로 조절한 흔적이 전혀 없었다. 그러나 홍콩이 평균습도가 높고 더구나 지하실이었기 때문에 습도는 상당히 높았다. 지하니까 본래 창문이 없는데다 문도 꼭꼭 닫아서 통풍이 되지 않게 했다. 덥고 습하고 통풍이 전혀 안 되는 공간에 차를 두는 것이다. 이렇게 차를 지하창고에 보관하는 것을 '입창(入倉)'이라고 한다. '창'이 창고를 가리키니 '입창'은 창고에 차를 넣는 것이라고 이해하면 되겠다.

그런데 차를 그대로 두지 않고 가끔씩 위쪽의 차와 아래쪽 차의 위치를 바꾸어주었다. 지하실 바닥은 습도가 더 높아 위쪽 차보다 변화하는 속도가 빨랐기 때문이다. 위아래 위치를 바꾸어주며 변화 속도를 맞추었다. 이것을 '번창(翻倉)'이라고 한다. '번'은 '뒤집다'는 뜻이다.

이렇게 몇 년이 지나면 차는 처음 모습과 많이 달라진다. 덥고 습하고 통풍이 안 되니 곰팡이가 많이 피었다. 홍콩 상인들은 보이차가 싸구려니까 곰팡이가 피든 말든 함부로 저장했던 것일까, 아니면 이렇게 곰팡이가 필 것을 미리 계산하고 있었던 것일까? 답은 후자다. 그들은 보이차에 곰팡이가 피기를 원했다. 그래서 습도가 높은 지하실에 문도 열지 않고 저장한 것이다.

이렇게 묻는 사람도 있었다.

"그러면 홍콩 사람들은 곰팡이가 몽땅 핀 차를 마셨단 말입니까? 요새는 곰팡이 핀 차는 위험하니 마시지 말라고 하는데 사실은 그런 차 마셔도 되는 것 아닐까요? 그런 차가 위험하다면 보이차를 그렇게 소비하는 홍콩 사람들의 수명이 세계 1위겠어요?"

결론부터 말하자면 홍콩 사람들은 곰팡이가 잔뜩 피어 있는 차는

마시지 않았다. 검은누룩곰팡이는 피부질환, 폐질환을 유발하고 흰
곰팡이는 간에 치명적인 독소를 내뿜는다. 이런 곰팡이들이 잔뜩 핀
차를 마시면 위험하다. 그러니 곰팡이를 없애야 한다. 장소를 지상
으로 옮겨 바람이 잘 통하는 곳에 두면 습도가 낮고 통풍도 되기 때
문에 곰팡이가 더이상 살지 못하고 자취를 감춘다. 이 과정을 창고
에서 뺐다고 해서 '퇴창(退倉)'이라고 한다. 이것도 몇 년이 걸렸다.

입창-번창-퇴창은 하루이틀에 이루어지지 않았다. 전 과정이 최
소한 10년이 걸렸고, 그렇게 하면 진향이 차탕 속으로 녹아들어가
는 노차가 되었다.

홍콩 사람들이 즐겨 마시는 차, 노차와 숙차가 섞여 있다.

다시 운남 이야기다. 차창을 운영하는 데 무엇보다 중요한 것이 원료다. 1930년대에 백맹우가 남나산에 차창을 세운 것은 남나산 찻잎을 원료로 조달하기 위해서였다. 불해 차창을 세우면서 범화균이 고민했던 것도 원료였다. 1951년 불해 차창을 재건하기 위해 내려간 운남성공사 직원이 제일 먼저 한 일도 여러 차산을 돌며 원료 수급 가능성을 확인하는 것이었다.

그러나 운남 다원은 지극히 효율이 낮았다. 차나무는 띄엄띄엄 심어져 있고 가지치기를 하지 않아 3미터, 4미터까지 자랐다. 농부들은 그런 차나무 잎을 따기 위해 사다리를 놓거나 나무를 타고 올라가야 했기 때문에 작업 속도가 느렸다. 〈운남성다엽진출구공사지〉

를 보면 1955년에 원료 부족 문제를 해결하기 위해 깊은 산속으로 들어가 야생 차나무 잎을 땄다는 기록이 나온다. 그래도 충분치 않았다.

더 많은 원료를 확보하기 위해 새로운 형식의 다원이 필요했다. 1979년, 생산 효율을 극대화하기 위해 신식 다원을 개발하자는 내용의 학술토론회가 열렸다. 기존 다원은 차나무 사이 간격이 넓어 단위면적당 생산이 적기 때문에 신식 다원을 만들어 차나무를 빽빽하게 심어 생산량을 늘리기로 했다. 1묘(약 660평방미터)에 3,000~5,000그루의 나무를 심으라고 제안했다. 3.3평방미터에 5~8그루다. 실로 대단한 밀집형이다. 인간의 아파트는 저리 가라 할 정도다.

그리하여 1980년대에는 운남 곳곳에 신식 다원이 많이 개발되었다. 이런 다원은 주로 산의 경사면에 등고선을 따라 계단식으로 조성되었다. 이런 신식 다원의 가장 큰 특징은 주로 신품종 차나무를 꺾꽂이 방식으로 심었다는 것이다. 보이차 애호가들은 이런 다원에서 자라는 차나무 잎으로 만든 차를 '대지차'라고 부른다. 혹은 나이가 어리다는 의미로 '신수차(新樹茶)'라고도 하고, 나무가 작기 때문에 '소수차(小樹茶)'라고도 한다.

이무의 신식 다원, 파달과 포랑산에 각각 660헥타르 규모로 조성된 맹해 차창 전용 다원, 사모에 있는 중국보이차연구소의 생산기지나 차박물원의 대규모 다원도 하나같이 이 시기에 개발되었다.

284

구식 다원과 신식 다원. 구식 다원은 나무가 띄엄띄엄 자라고 여러 품종이 섞여 있어 생산량
이 적다. 반면 신식 다원은 차나무가 촘촘하게 심겨 있고, 대개는 동일한 품종의 차나무라 관
리가 편리하고 생산 효율이 높지만 병충해에 약하다는 단점이 있다.

여기서 잠깐, 왜 다원은 경사진 곳에 만들까? 차나무의 특별한 습성 때문이다. 차나무는 공기 중의 습도가 높은 곳을 좋아한다. 그러나 흙의 물빠짐이 안 좋으면 뿌리가 쉽게 썩는다. 차나무가 살기 가장 좋은 곳은 경사져서 물이 잘 빠지고 토질은 부슬부슬한 곳이다. 경사진 땅에 다원을 개발하는 것이 좋지만 평지에 개발해야 할 형편이라면 물빠짐에 특별히 주의해야 한다.

몇백 년 전에 조성된 옛날 다원들도 대개는 경사가 매우 급한 곳에 있다. 옛 사람들이 차나무의 특성을 잘 파악하고 이런 곳에 다원을 조성했을까? 아니면 운남에 평야가 적어서 어쩔 수 없이 산에 차나무를 심었을까? 이미 당나라 때 (운남 이야기는 아니지만) 차나무를 경사진 곳에 심어야 한다는 기록이 남아 있는 것을 보면 아무래도 옛 사람들이 차나무의 특성을 파악하고 경사진 곳에 심은 듯하다.

# 씨앗 번식과 꺾꽂이 번식

남자와 여자, 수컷과 암컷이 있는 것이 유성생식이다. 각각이 생식세포를 만들고 그 생식세포가 결합해서 새로운 개체가 된다. 사람은 유성생식을 한다. 남자와 여자의 생식기관에서 만든 정자와 난자가 결합하면 새로운 개체가 된다. 식물은 어떤가? 은행나무처럼 드물게 암나무와 수나무가 따로 있는 경우도 있지만 대개는 암나무, 수나무가 나뉘지 않는다. 차나무도 그렇다. 한 나무에 생식을 위한 기관인 암술과 수술이 같이 존재한다.

차나무 꽃은 꽃술이 대단히 많다. 꽃술 끄트머리의 노란 것이 꽃가루다. 수술의 꽃가루가 암술머리에 붙으면 수정이 된다. 수정체가 관을 따라 아래로 내려간다. 그리고 어느 정도 시간이 지나면 꽃이 시들어 떨어지고 수정체가 자라 씨앗이 된다. 씨앗이 땅에 떨어져 싹을 내고 뿌리를 내리면 새로운 개체로 자란다. 이것이 차나무의 유성생식이다. 그런데 차나무는 한 가

남나산의 오래된 차나무 꽃

지 독특한 특징이 있다. 자가수분을 하지 않는 것이다. 같은 꽃에 속한 수술 꽃가루가 암술머리에 붙으면 씨방이 어느 정도 자라기는 하나 더이상 크지 못하고 도

이무의 한 농민이 씨를 받아 심고 가꾸는 차나무. 씨앗으로 번식한 차나무는 돌연변이가 많다.

태되어 버린다. 차나무는 반드시 다른 개체의 꽃가루가 수분되어야 씨앗으로 키워낼 수 있다.

차나무가 열매를 맺고 씨앗이 익을 때까지 400여 일이 걸린다. 사과 같은 과일이 봄에 수분해서 여름에 열매를 맺는 것에 비하면 긴 시간이다. 씨를 심을 때는 씨앗 겉껍질이 갈색으로 딱딱하게 잘 익은 씨를 골라 햇빛에 이틀 정도 말린다. 그러면 얇은 과육이 말라 벌어지고 속에서 씨가 나온다. 씨를 물에 담가 위에 뜨는 씨앗은 버리고 아래 가라앉는 튼튼한 씨앗을 골라 젖은 수건으로 일주일간 감싸주면 싹이 튼다. 이것을 물이 잘 빠지는 약산성의 땅에 심고 가꾸면 차나무로 자란다.

중국 사람들은 몇천 년 동안 이 방법으로 차나무를 번식시켰다. 단점은 생존률이 매우 낮다는 것이다. 씨앗 5천 개를 심으면 3년 내에 3천 개가 죽고, 10년 이상 생존률은 이보다 더 떨어진다. 그러나 장점도 있다. 씨앗 번식으로 자란 차나무는 개체마다 유전적인 특징이 다르다. 한 부모에게서 태어난 아이 셋이 모두 생김새며 체질이 다른 것처럼 차

나무도 그렇다. 그래서 넓은 다원에 한 나무가 병들어도 다른 나무는 병에 걸리지 않는다. 씨앗으로 번식하는 구식 다원 차나무들이 건강한 이유다.

청나라 때 전혀 새로운 방식의 획기적인 차나무 번식법이 개발되었다. 꺾꽂이법이다. 꺾꽂이란 식물의 줄기를 땅에 꽂아두면 뿌리를 내리며 새로운 개체로 성장하는 방법이다. <연양팔배풍토기(連陽八排風土記)>에 꺾꽂이에 대한 기록이 나온다.

식물의 꽃은 생식기관이다. 꽃을 통해서 암술과 수술의 꽃가루가 만나 수분이 되고 씨앗이 되고 새로운 나무로 자라난다. 잎과 줄기는 영양기관이다. 본래 잎과 줄기는 번식이 주목적이 아니라 식물이 자라고 생활하는 데 필요한 기관이다. 그런데 신기하게도 식물은 이 영양기관을 땅에 꽂아두어도 새로운 개체로 자랄 수가 있다. 식물학에서 꽃 등의 생식기관을 이용한 번식은 유성생식, 잎과 줄기 등 영양기관을 이용한 번식을 무성생식이라 한다.

청나라 사람들이 차나무 줄기를 잘라서 땅에 심으면 새로운 나무가 된다는 것을 알았을 때 또 한 가지 신기한 사실을 발견했다. 차나무 줄기를 잘라 몇백 그루로 만들어놓아도 잎의 모양이 똑같았다. 뿐만 아니라 이 잎을 따서 차를 만들면 맛, 향, 색이 같았다. 이 나무들은 유성생식으로 번식된 것이 아니라 영양기관을 이용해 복제된 것이기 때문에 유전적으로 똑같은 특징을 가진 것이다. 이처럼 유전적 형질이 같은 차나무만으로 다원을 조성하면 굉장히 편리하다. 잎이 같은 시기에 올라오니 같은 시기에 잎을 따면 된다.

그러나 같은 유전적 특징을 가진 차나무를 한 다원에 심으면 단점도 있다. 병이 돌면 동일한 유전자를 가진 차나무들이 모두 병에 걸린다는 것이다. 게다가 1980년대 이후에 개발된 현대식 다원은 좁은 면적에 차나무를 빽빽하게 많이 심었으니 병충해의 피해를 더 많이 볼 수밖에 없다. 그래서 피치 못하게 농약을 사용한다.

반면, 씨앗으로 번식한 고차수 다원의 경우 차나무의 유전적 특징이 각기 다를 뿐 아니라 나무 사이의 간격도 매우 넓기 때문에 한 나무에 병충해가 발생한다 해도 다른 나무로 옮기는 경우가 적다. 고수차가 보다 안전하고 건강한 이유다.

한 가지 품종만 재배되는 다원의 차나무는 병충해에 약하다.

# 맹해 차창 8582와 8592의 탄생 비화

PU'ER
TEA

8582는 운남성공사에서 홍콩의 남천공사(南天公司)에만 공급하던 차였다. 남천공사가 어떤 회사길래 남천공사 전용차를 만들었을까? 추가구의 〈만화보이차〉에 남천공사의 주종(周琮) 사장과 8582에 대한 이야기가 실려 있다.

주종은 운남 사람으로 일찍 홍콩으로 건너가 운남 출신 거상 밑에서 일하다 독립해서 남천무역공사를 차렸다. 문화혁명 때는 운남에서 차가 공급되지 않자 태국 북부로 갔다. 그곳은 운남에서 가깝고 운남 사람들이 많이 살았다. 그는 여기서 원료를 구해 홍콩식으로 발효한 후에 홍콩 시장에 공급했다.

문화혁명이 끝난 후 1970년대 말에서 1980년대 초까지 주종은 아버지를 만나러 운남에 갈 때마다 곤명 차창과 맹해 차창을 오가며 아직 미흡한 숙차 가공을 지도해 주었다. 본래 운남 출신이기는 하지만 오랫동안 홍콩에서 살았던 탓에 높은 해발에 적응하지 못하고 심장병으로 병원 신세도 여러 번 졌다고 한다.

주종이 이처럼 보이차 개선에 큰 공헌을 했기에 운남성공사는 그가 보이차를 취급할 수 있게 해주었다. 하지만 이미 오랫동안 운남 보이차를 수입하던 홍콩 수입상들은 주종이 자기들과 같이 보이차를 취급하는 것을 좋아하지 않았다. 이것이 문제가 되자 주종은 기존의 상인들이 취급하지 않는 새로운 차를 만들기로 했다.

배합비율도 새로 하고 기존의 차보다 거칠고 큰 잎을 많이 넣어 차의 통기성이 좋게 했다. 이렇게 하면 익는 속도가 빨라질 것이라고 생각했다. 새 차의 로트번호는 8582로 정했다. 주종이 이 차의 배합비율을 만든 날이 1985년 12월 3일이었다. 8등급 이하의 거친 잎이 50%까지 들어갔다는 점을 강조하기 위해 로트번호의 세 번째 자리는 8자로 했다. 그리고 맹해 차창에서 만들었으므로 마지막 자리에 2자를 붙였다. 이 차는 생차였다. 자매품으로 8592 숙차도 만들었다.

이로써 기존 상인들의 불

남천공사에서 만든 8592는 숙차다. 생차 8582와 구별하기 위해 '천(天)' 자를 찍었다.

만을 해소할 수 있었다. 그런데 막상 차가 시장에 공급되니 새로운 문제가 생겼다. 8582와 8592는 각각 생차와 숙차인데 포장지가 같으니 취급하는 과정에서 종종 실수가 생겼다. 주종은 이 문제도 해결했다. 수차례 의논한 끝에 8592 포장지에 남천공사를 의미하는 천(天) 자를 도장으로 찍기로 했다. 당시로서는 새로운 배합차를 만들어내는 것도 차 포장지에 도장을 찍어 구분을 하는 것도 매우 획기적인 일이었다. 8582는 홍콩, 대만 등지에서 아주 인기가 많았고 지금까지도 지속적으로 만들고 있다. 맹해 차창에서 만든 7542만큼이나 대중적인 차다.

1986년, 티베트의 반선 라마가 하관 차창을 방문했다. 반선 라마는 티베트에서 달라이 라마와 함께 가장 높은 종교 지도자다. 반선 라마는 '티베트 인민들이 아직도 운남의 긴차를 그리워하고 있다'고 말했다. 긴차를 다시 공급해 달라는 완곡한 표현이었다. 과거 맹해와 하관 등지에서 만든 긴차가 대량으로 티베트에 들어갔다. 티베트는 운남차를 끝없이 요구했다. 1940년~1941년 맹해 지역에서 티베트에 공급한 긴차가 720톤이었다. 티베트에 맹해 지역 차만 공급되었던 것도 아니다. 하관의 영창상 등도 긴차를 공급했고, 사천 지역 차도 티베트로 들어갔다. 호남차도 마찬가지다. 티베트는 거대한 블랙홀처럼 차를 빨아들였다.

본래 보염은 티베트 불교의 8가지 상서로운 상징물 중 하나다.

긴차는 버섯처럼 생긴 차로 손잡이가 달려 있는데, 그 손잡이는 기계로 만들 수 없었다. 작업자가 일일이 손으로 세게 비틀어서 만드는 것이라 기계로 긴압하는 차보다 효율이 몹시 떨어졌다. 그런데도 벽돌 찍듯이 기계로 누르지 않은 것은, 속이 잘 건조되지 않으면 곰팡이가 필 수 있기 때문이었다. 작업자가 힘들고 어렵게 긴차 손잡이를 비틀어서 만들어놓으면 차와 차 사이에 공간이 형성되어 곰팡이가 피지 않았다.

문화혁명이 시작되자마자 바로 만들기 성가신 긴차는 전차로 대체되었다. 전차는 벽돌 모양이라 기계로 쉽게 찍어낼 수 있었다. 전차가 긴차를 대신한 지 20년 만에 하관 차창은 반선 라마의 요청으로 티베트에 긴차를 공급하기로 했다. 사실 하관 차창은 하반기에 반선 라마가 방문할 것이라는 통지를 받고 1986년 2월부터 미리 심장형 긴차를 생산하고 있었다고 한다.

그 긴차에는 보염패 상표를 썼다. 보염은 티베트 불교에 쓰이는 상징물이다. 보염패 긴차는 지금까지 생산되고 있다. 하관 차창은 보염패 긴차와 별도로 반선 라마를 위해 특별한 긴차를 만들었다.

보염패 상표

반선 라마에게 주었다고 해서 '반선 긴차'라 부른다. 상업용으로 판매되는 보염패 긴차는 질이 몹시 떨어지는 원료로 만든 데 비해 반선긴차는 최고급 원료로 만들었다. 당시 반선 긴차는 100개 조금 넘게 만들었다. 그것도 대부분 반선 라마에게 선물로 주고 몇 개만 하관차창박물관에 보관 중이다.*

---

* 그렇다면 시중에 보염패 긴차는 있어도 반선 긴차는 없어야 맞다. 그런데도 운남 곤명의 대우차박물관에 100개가 넘는 반선 긴차가 전시되어 있다. 게다가 그 반선 긴차는 1980년 겨울에 생산되었다고 설명이 붙어 있다. 시중에 그만한 양이 남아 있을 리도 없고 생산연도도 맞지 않다.

# 이무의 부활을 알린
# 진순아호

1950년대 초 이후 이무에서 개인 차장은 다 사라졌고 농민들이 만든 모차는 모두 맹해 차창으로 갔다. 몇십 년이 지난 후 이무 사람들은 과거에 무슨 일이 있었는지도 몰랐고 보이차도 잊고 지냈다. 심지어 경작지가 부족하다는 이유로 오래된 차나무를 베어내고 옥수수를 심기도 했다.

그러던 어느 날 대만 사람들 몇 명이 이무를 찾아왔다. 일행을 이끈 여례진(呂禮臻)은 1990년대 초 대만에 홍콩 보이차를 소개했던 사람이다. 옛 보이차 중 유독 이무에서 온 차가 많아 자연스레 이무에 가보고 싶다는 생각을 했다. 기회는 1994년에 왔다. 운남성 사모에서 열린 국제보이차학술토론회에 초청을 받은 것이다. 그는 토론회가 끝난 후 주최측에 이무에 가보고 싶다고 했다.

"이무요? 거기 가봐야 아무것도 없소. 차를 보려면 맹해 차창을 가보시오."

그래도 여례진은 이무로 갔다. 먼저 찾은 곳은 인민정부였다. 그러나 인민정부 사람들은 보이차가 무엇인지도 몰랐다.

"그러면 여기는 차나무도 없소?"

"차나무야 있죠. 저 보시오."

인민정부 사람이 가리키는 데를 보니 심은 지 얼마되지 않은 차나무들이 산에 가득했다.

"아! 그리고 보니, 전에 향장을 했던 장의(張毅)가 요새 〈신이무향지(新易武鄉志)〉를 쓰고 있다고 하던데, 거기에 차 이야기가 나오는 것 같습디다."

한 사람이 가까스로 이렇게 생각해 냈다. 당장 사람을 보내 장의를 찾아왔다. 그는 이무의 과거에 관심이 많았고 차에 대해서도 많은 것을 알고 있었다. 장의의 소개로 다 쓰러져가는 옛 차장들을 둘러본 후 여례진이 말했다.

"장형, 지금 이무에서는 보이차를 만들지 않지만 몇십 년 전만 해도 여기가 보이차의 메카 같은 곳 아니었소? 그때 방식으로 보이차를 만들어보고 싶소. 의미있는 일이 되지 않겠소?"

장의는 대환영이었다.

"내가 옛날 유명한 차장 후손인 어르신을 압니다. 죽순 껍질로 차

1996년 대만 사람 여례진
이 이무에서 만든 진순아호
차, 후에 홍콩의 다예천국에
전량 판매되었다.

포장하는 일을 배운 노인도 한 명 알고 있소. 이 사람들의 도움을 받
아서 한번 해봅시다."

　그들은 동네 아이들더러 다원에 올라가 찻잎을 따오라 했다. 그리
고 두 노인을 인민정부 주방으로 안내해 보이차 가공과 포장 기술
을 전수받았다. 시험제작을 마친 후 그해 8월과 다음해 3월에 정식
으로 보이차를 만들었다. 돈은 대만 사람들이 댔고 모차는 인민정부
에 근무하는 사람이 조달했다. 여러 사람이 힘을 합쳐 만든 보이차
는 곧이어 대만과 홍콩으로 건너갔다. 몇십 년 만에 다시 옛날 방식
으로 만들어진 이 차는 대단한 인기를 끌었다. 1996년부터 1998년
까지 장의는 대만 사람들의 위탁을 받아 총 6톤의 보이차를 만들었
다. 그 차가 진순아호(眞淳雅號)다. 이무 사람들은 이때부터 다시 보이

차를 만들기 시작했다.

세월이 흘러 2015년 어느 경매회사가 진순아호 7편에 30만~32만 위안이라고 가격을 매겼다. 이미 여러 해 전에 자신이 만든 진순아호를 홍콩 차 상인에게 팔아버린 여례진은 '이 차는 이미 나는 마실 수 없는 차가 되었구나. 역사는 우연에 의해 바뀌고, 좋은 차는 의식하지 않을 때 만들어진다. 그 과정은 다시 재현할 수 없다'고 말했다고 한다.

보이차가 홍콩으로 수출된 것은 1850년대부터였으니 역사가 150년이 넘는다. 홍콩 사람들은 다른 어떤 차보다도 보이차를 좋아했다. 노동자들도 힘든 하루 일과를 마치고 차루에 앉아 보이차 한두 잔을 마시며 하루의 피곤과 갈증을 풀었다. 외국에 거주하는 홍콩 사람들도 보이차가 떨어지면 급하게 가까운 차이나타운으로 달려가 마실 정도로 보이차는 홍콩 사람들에게 영혼의 음식이 되었다.

1973년 운남에서 숙차 가공에 성공한 후 처음 수출한 차가 12톤이었다. 1985년에는 그 양이 1,500톤으로 늘어났다. 가히 숙차 천하였다. 그러나 숙차만으로는 홍콩 사람들이 좋아하는 차맛이 나지 않았다. 반드시 노차를 섞어야 했다. 그래야 진향, 진미가 났다. 그

노차는 10년 동안 입창-번창-퇴창을 거친 차였다.

홍콩 상인들은 운남에서 차가 도착하면 포장지를 벗겼다. 그들은 포장지를 중요하게 생각하지 않았다. 그 상태로 창고에 들어갔고, 10년 후에 나왔다. 창고는 해마다 새 차가 들어가고, 10년 묵은 차가 나오면서 순환되었고 시장에 나오면 바로 소비되었다. 아무리 홍콩이라도 몇십 년 지난 노차는 매우 귀했다. 모든 차루 창고에 100년 된 차가 그득 쌓여 있지는 않았다.

홍콩 남천공사 사장 주종이 호급차의 배합비율을 연구하려고 호급차를 찾아 홍콩의 110개 차가게를 다 뒤졌는데, 100년 된 송빙호를 딱 한 편 찾았다고 한다. 이것이 1980년대의 홍콩 사정이다. 이때까지 보이차는 숙차에 10년 정도 창고에서 숙성시킨 생차를 섞은, 홍콩 사람들이 날마다 즐겨 마시는 저렴한 생활차였다.

대만 사람들이 등장하면서부터 변화가 시작되었다. 공산당에 진 장개석이 대만으로 쫓겨난 후 몇십 년 동안 중국과 대만은 교류가 없었다. 문화혁명이 끝나고 등소평이 집권하면서 개혁개방을 추진한 1980년대에 이르러 대륙에 가족을 남겨두고 대만으로 간 군인 출신들의 대륙 방문이 허락되었다. 그때는 대만에서 바로 대륙으로 가는 교통편이 없었으므로 대만 동포들은 홍콩을 거쳐 대륙으로 들어갔다. (우리나라와 중국이 수교하기 전에도 중국에 가려면 홍콩을 거쳐야 했던 시절이 있었다.) 이중에는 홍콩의 독특한 보이차 문화에 관심을 가진 사람들이 있었다. 중국과의 무역이 개방되기 전이라 보이차는 비공식적인 방법, 즉 밀수로 대만으로 건너갔다. 처음에는 여행객의 수하물로 대만에 들어갔고, 나중에는 수하물을 대신 들어다주는 사람들을 고용했다. 그러나 수하물로는 1인당 몇 킬로그램밖에 운반하지 못했기 때문에 양이 많을 때는 아예 고깃배를 빌려 바다를 건넜다.

대만 사람들은 홍콩 사람들이 오랫동안 생활차로 마시던 보이차에 화려하고 현란한 '문화'의 옷을 입혔다. 오래되어도 마실 수 있는 차, 오래될수록 가치가 상승하는 차, 그래서 '마실 수 있는 골동품'이라고 불리는 차는 대중의 호기심과 동경을 이끌었다.

상인들은 그 환상과 동경을 이용해 오래된 보이차는 투자가치도 있다며 소비자들을 자극했다. 그러나 그렇게 몇십 년 된 차는 본래부터 많지 않았다. 상인들은 이제 차를 익히기 시작했다. 그들에게는 시간이 곧 돈이므로 너무 오랜 시간이 걸리면 안 되었다. 되도록이면 빨리 상품을 시장에 내놓아 수입을 올리고 싶었다. 그들이 선택한 방법은 차를 덥고 습한 곳에 두고 물을 뿌리는 것이었다.

과거 1950년대 홍콩 사람들도 운남에서 온 차를 급히 익히려고 자루째 쌓아놓고 물을 뿌렸다. 물을 많이 뿌릴수록 차는 빨리 익었다. 그러나 물을 너무 많이 뿌리면 차가 썩었다. 차가 썩을 각오를 하고, 가끔은 진짜 썩기도 하면서 발효된 차들은 매우 저렴한 가격으로 차루에 넘겨졌다. 이 차들은 차루에서 무료로 손님들에게 제공되었다. 이후 이 방법을 광동 사람들과 운남 사람들이 배워갔다. 그들도 차를 발효할 때 물을 뿌렸다. 물을 뿌리면 미생물이 번식하기 좋은 환경이 만들어졌고 미생물은 차를 빨리 발효시켰다. 40~60일이면 쌩쌩한 생차가 부드럽고 순하고 단 숙차가 되었다.

광동 사람들과 운남 사람들은 오랫동안 축적된 기술을 바탕으로 미생물이 지나치게 번식하지 않게 섬세하게 물 양을 조절했다. 그래도 미생물은 통제하기 까다로운 상대였고 까딱 잘못하면 차가 썩었다.

그러나 1990년대에 보이차 업계에 돈을 좇아 뛰어든 사람들은 이런 것을 몰랐다. 차를 빨리 익히려고, 그래서 오래된 차처럼 보이게 하려고 물을 뿌렸다. 물을 어느 정도 뿌려야 하는지 몰라서 차가 썩기 일쑤였다. 곰팡이가 잔뜩 핀 차는 퇴창할 틈도 없이 시장으로

지나치게 습도가 높은 곳에 저장한 습창차의 탕색은 '간장' 같다.

팔려나갔다.

'이 노차의 탕색을 보세요. 원래는 노란색이던 탕색이 시간이 오래 지나니까 이렇게 짙어졌지 않습니까?' 하며 간장처럼 검고 진한 차탕을 따라 소비자에게 주었다.

그런 차맛에 익숙할 리가 없는 소비자들이 '이건 대체 무슨 차요, 썩은 관 맛이 나는군요' 하고 눈살을 찌푸리면 태연하게 '원래 오래된 보이차는 이런 맛이 나는 겁니다'라고 했다.

'그런데 이 차를 마시니까 입이 아프고 목을 긁어내는 것 같아요. 배도 막 아프고 설사도 나는데요?'라고 하면, '아, 그건 명현반응입니다. 너무 좋은 차를 마셔서 몸에 있는 나쁜 것들이 빠져나가는 것이죠'라고 대답했다. 그들은 이런 현란한 장사수완으로 썩은 차를 몇십 년 된 오래된 보이차라고 팔았다.

1980년대에 남천공사 사장 주종이 홍콩을 다 뒤져서 100년된 송빙호를 1편 찾았다는데 어찌된 일인지 이 시절에는 송빙호, 동경호, 동창호 등의 호급차가 계속 쏟아져나왔다. 참으로 불가사의한 일이 아닌가? 건전성이 배제된 급격한 몸집 불리기에 투기 자금까지 몰려들었다.

물론 홍콩 사람들이 말하는 '노차'는 그런 것이 아니었다. 앞서 요계가 차를 저장하는 방법을 살펴보았지만 그들은 차에 물을 뿌리지 않았다. 대신 바람이 통하지 않는 지하실에 넣어두고 홍콩의 높은 온도와 지하실의 습기만으로 차가 숙성되기를 기다렸다. 물론 요계도 물을 뿌리면 차가 빨리 변한다는 것을 알았다. 그러나 그는 그렇게 하지 않았다.

물을 뿌려서 빨리 익히면 그들이 원하는 진향이 나면서도 본래 생차의 싱싱한 기운도 잃지 않고 맑고 투명한 탕색을 가진 차가 만들어지지 않았다. 이런 차를 만들려면 지하실의 자연 온도와 습도에 몇 년간 노출시켜야 했다. 그러면 천천히 곰팡이가 피었다. 몇 년에 걸쳐 곰팡이가 피면 이번에는 곰팡이를 없애는 작업을 했다. 건조하고 바람이 잘 통하는 곳에 차를 두고 곰팡이가 사라지고 맛이 안정되고 진향이 나기를 기다렸다. 그렇게 하는 데도 몇 년이 걸렸다. 그 과정을 거치면 홍콩 사람들이 말하는 '차탕에서 진향이 나는 노차'가 되었다.

다시 운남으로 돌아가 보자. 1950년대 이후 중국은 완전한 계획 경제체제였다. 개인 회사는 존재하지 않았다. 운남성공사는 국영 회사였다. 곤명 차창, 맹해 차창, 하관 차창, 보이 차창도 개인이 운영하는 회사가 아니라 운남성공사에 직속된 생산공장이었다.

운남성공사는 국내시장, 티베트, 외국시장 업무를 담당했다. 홍콩에서 주문이 오거나 중앙에서 티베트에 차를 공급하라고 명령이 오면 직속 차창에 생산을 안배했다. 직속 차창은 주문대로 차를 생산해서 곤명으로 보냈다. 이후의 업무는 운남성공사가 맡아했다. 차창은 경영에는 신경쓰지 않았다. 열심히 일해도 그 월급, 놀면서 천천히 해도 그 월급이고 퇴직 후에도 나라에서 공급해준 집에 살며 퇴직

연금으로 생활하는 철밥그릇의 시대이니 생산 효율은 몹시 떨어졌다.

등소평이 개혁개방을 실시하면서 중국의 경제체제는 계획경제에서 시장경제로 옮겨갔다. 운남성공사는 그 흐름을 빨리 탔다. 1988년부터 직속차창들을 독립채산제로 운영하고 운남성공사 내부 직원들을 상대로 사내도급제를 실시했다. 계획경제체제에서 시장경제체제로 옮겨가는 중간 단계라고 생각하면 될 것이다. 즉 운남성공사에 소속되어 있으면서도 운영은 각자 하고 이익금이 생길 경우 자기 몫이 되는 것이다.

몇십 년간 계획경제의 틀에 잡혀 있던 사람들의 자본주의 본능이 불타올랐다. 생산 효율은 놀랄 정도로 높았다. 운남성공사는 주문이 오면 내부 직원들 중에 전담할 부서를 조직했다. 차뿐만 아니라 설탕, 옷, 비행기, 자동차까지 다 취급했다. (운남성공사의 정식 명칭이 중국 토산축산운남성다엽분공사였으니 차 외에 설탕을 취급한 것은 이해가 되지만 비행기에 자동차까지 취급했다니 이 사람들의 적극성이 놀랍다.)

어떤 품목이든 운남성공사에 주문이 들어오면 직원 3명을 모아 전담 부서를 만들었다. 초기에 필요한 자금은 운남성공사에서 빌려주었다. 부서는 그 돈을 자본금 삼아 사업을 진행하고 프로젝트가 마무리되면 정산할 때 지원받은 자본금을 운남성공사에 반환했다. 별도로 1년에 15만 위안을 도급비로 내고 남은 이익은 부서원들의 몫이었다. 이렇게 꾸린 부서가 76개나 되었다. 76개 부서에서 1년에 15만 위안씩 내는 도급비만 해도 1년이면 천만 위안이 넘었다. 그렇게 몇 년 운영하니 운남성공사에 쌓인 돈이 3억 위안이 넘었다. 이 시기가 1990년부터 2000년까지다. 운남성공사에 근무했던 사람들은 이 시절을 운남성공사의 황금시절이었다고 한다.

자본주의 맛을 본 운남성공사 직원들은 고객의 주문을 충실히 제품에 반영했다. 그 결과 과거 1980년대 계획경제 시절에 딱딱하게 운영되던 시스템에서는 결코 만들어질 수 없는 기상천외한 차들이 만들어졌다.

한 분이 1990년대 차라며 들고 온 차를 보니 이상했다. 분명 모양은 타차인데, 포장지에는 긴차라고 찍혀 있는 것이다. 단번에 든 생각은 '맹해 차창이나 하관 차창 같은 정규 차창에서 만든 차라면 포장지와 속 내용이 다르지 않을 텐데, 누군가 성의없이 만든 가짜 차인가?' 하는 것이었다. 그러나 이 차는 운남성공사에서 사내도급제로 꾸려진 부서가 홍콩 상인들의 주문을 받아 만든 차였다. 어쩌면 이 차를 주문한 상인은 다른 차와는 차별되는 특징을 갖고 싶었는지 모르겠다.

생산자는 '운남다엽진출구공사곤명차창'이라고 되어 있는데, 중차패 상표의 가운데 '차' 자는 초록색이 아니고 붉은색인 차가 있다. (홍인의 오마주일까?) 게다가 로트번호가 찍혀 있는데 9016이다. 1976년에 운남성공사에서 작업의 편의를 위해 로트번호를 만들 때 직속 공장 네 군데에 고유번호를 부여했다. 그때 곤명 차창이 부여받은 번호는 '1'번이었다. 그런데 이 차는 곤명 차창에서 만들었다고 하면서 로트번호는 버젓이 '6'이었다.

이 차도 운남차 시스템을 전혀 모르는 사람이 만든 방품이 아니라 심천의 부화공사가 운남성공사 사내도급 부서에 주문해서 만든 차였다. 이 회사는 1990년대 들어 뒤늦게 보이차 업계에 뛰어들었는데, 기존 홍콩 상인들의 반대를 피하기 위해 새로운 로트번호로 차를 제작해 줄 것을 주문했다. 당시 사내도급 부서는 고객의 요구를 충분히 반영해서 이 차를 만들었다.

'홍인'은 1950년대 신중국이 건국된 후 잠깐 만들어졌다. 제작한 기간이 길지 않기 때문에 생산량도 많지 않았다. 시중에 수많은 홍인이 있는데 그중 1990년대에 생산된 '홍인'은 운남성공사 사내도급 부서에서 주문받아 생산한 것이다.

# 맹해 차창 '대익패'
# 하관 차창 '보염패'

PU'ER
TEA

운남성공사가 시장경제체제로 향하는 거대한 변화의 흐름을 빨리 타고 독립채산제와 사내도급제를 실시한 다음은 어떻게 됐을까? 결국은 시장경제체제로 편입되었다. 각 차창은 성공사에서 독립해 나왔다.

그 변화는 상표에서 시작되었다. 1951년 중국다업공사는 공모전을 열어 새로운 시대에 걸맞은 상표를 만들었다. 그것이 중차패였다. 이 상표는 1952년부터 중국다업공사 산하 각 성 다업공사에서 생산하는 차에 일률적으로 쓰였다. 운남에서도 티베트로 들어가는 긴차를 제외한 모든 차에 이 상표를 썼다. 몇십 년의 세월이 흐른 1989년 중국다업공사는 소속 차창들에게 상표를 계속 쓰려면 사용

료를 내라고 했다. 여러 차창
들은 아예 새로운 상표를 만
들었다. 맹해 차창에서 독자
적으로 만든 상표가 대익패(大
益牌)였다. '대(大)' 자 안에 '익
(益)' 자가 들어간 디자인이다.

대익패 상표

그러나 첫해인 1989년에는 대익패 포장지를 쓴 차가 아주 적었
다. 최대 고객인 홍콩 소비자들이 대익패가 익숙치 않다며 싫어했
기 때문이다. 어쩔 수 없이 맹해 차창은 사용료를 물어가며 중차패
를 썼다. 맹해 차창이 대익패를 본격적으로 사용한 것은 1996년부
터다. 처음 대익 상표를 달고 정식으로 출시된 것은 '자대익(紫大益)'
이었다. 이 차는 1996년부터 2000년 사이에 생산됐으며, 포장지의
'대익'이 보라색으로 인쇄되었기 때문에 보라색을 의미하는 '자(紫)'

자를 붙여 '자대익'이라고 부
른다.

다음해인 1990년 하관 차
창도 '보염패'를 상표로 등록
하고 정식으로 사용하기 시
작했다.

그후 국영이었던 차창들이
민영화의 길을 걷기 시작했

자대익

다. 1994년 하관 차창이 원래의 하관 차창, 운남다엽진출구공사, 중
경유중다엽공사 등과 공동 발기해 '운남하관타차고분유한공사(雲南
下關沱茶股份有限公司)'로 주식회사가 되었다. 2004년 10월, 운남박문
투자유한공사가 맹해 차창을 접수했다. 이로써 국영기업이던 맹해
차창은 민영기업이 되었다. 맹해 차창은 운남대익다업집단(雲南大益
茶業集團)에 소속되어 있다.*

보이 차창도 운남성공사의 직속 차창이었다. 1975년 5월 1일에
설립되었다. 운남성공사에서 부여받은 고유번호는 '4'번이었다. 그
런데 곤명 차창, 맹해 차창, 하관 차창에서 생산한 보이차는 많이 보
았어도 보이 차창에서 생산한 보이차를 본 사람은 거의 없다. 주로
수출용 보이산차를 생산하고 긴압차는 생산하지 않았기 때문이다.
1994년 1월 14일 '보수패(宝秀牌)' 상표를 등록했고, 2004년 10월
운남보이차(집단)유한공사로 상장했다.

---

* 중국말의 '집단'은 우리말로 '그룹'이라는 뜻이다.

대익패 전차와 내비

# 곤명 차창은 정말 망했을까?

PU'ER
TEA

대만에서 체육교사를 하던 석곤목은 보이차를 접한 뒤 직접 운남으로 건너가 회사를 세우고 보이차를 제작했다. 그는 〈경전보이차 (經典普洱茶)〉라는 책을 썼는데, 운남 내부 사정을 잘 몰라 곤명 차창에 관한 잘못된 정보를 책에 기록했다. 그는 '곤명 차창은 1990년 대 초에 파산을 선포했다. 1992년 원가가 상승하고 차엽 수매에 어려움을 겪어 영업을 정지했다. 1992년부터 1994년까지 남은 차를 다 팔았다'라고 썼다. 직접 곤명 차창에 찾아가 보았는데 이미 그곳에 곤명 차창이 없었고 구두공장이 들어와 있는 것을 확인했다고도 썼다.

그런데 문제가 있었다. 곤명 차창이 문을 닫았다고 했는데, 어디선가 끊임없이 7581 전차*가 생산되고 있었던 것이다. 석곤목은 이 상하다고 생각했다. 그래서 이렇게 썼다. '문제는 1990년대 중기에 차창이 문을 닫았음에도 1995년부터 2005년까지 위조방지 레이저 라벨을 붙인 새로 긴압한 7581 전차가 판매되고 있다는 것이었다. 이 차들은 모두 가짜 차일까? 아니다. 곤명 차창이 영업을 중지한 후에 본래 차창에서 근무했던 직원들이 생계를 유지하기 위해 독자적으로 주문을 받아 생산했던 것이다. 직원들이 차창을 운영하면서 독자적으로 주문을 받고 생산하고 제품을 납품했다. 도산했지만 도산이 아닌 어정쩡한 상태가 계속되었고, 그 뒤에는 다른 작은 가공장에서 7581을 만들었다.'

석곤목은 이 상태가 2006년까지 지속되다가 보이차가 중국에서 인기를 끌자 곤명 차창이 다시 영업을 재개했다고 썼다. 그러나 이 것은 완전히 잘못된 정보다. 석곤목은 중국 사람이 아니었기 때문에 중국의 경제체제를 이해하지 못했다.

이 책을 본 운남 사람 오강(吳彊)은 운남성공사에 근무했던 사람들을 찾아가 사실을 확인했다.** 추가구 등 운남성공사에서 몇십 년 동안 근무했던 사람들은 석곤목이라는 사람이 책에 그런 내용을 썼다는 것도 모르고 있다가 깜짝 놀랐다고 한다.

"뭐라고요? 이게 대체 무슨 소리입니까? 생각해 보세요. 곤명 차

---

* 곤명 차창에서 생산한 대표적인 차가 7581 전차다. 7581은 곤명 차창에서 1976년부터 생산되었다.
** 吳彊, 〈七子餅鑑茶實錄〉, 雲南美術出版社, 2016

창은 독립회사가 아니라 성공사의 직속 차창이었습니다. 운남성공사가 망한 적이 없는데 어떻게 직속 차창인 곤명 차창이 망할 수 있겠습니까?"

맞는 말 아닌가? 석곤목이 책을 쓰기 전에 운남성공사나 곤명 차창 관계자를 찾아서 인터뷰를 했다면 이런 실수를 하지는 않았을 텐데 안타까운 일이다.

그러나 그 즈음에 곤명 차창의 운영이 어려웠던 것은 사실이었다. 1993년에 중국 동북 지방에 녹차와 홍차를 팔았는데 그 대금 600만 위안을 못 받아서 재정 위기를 겪었다. 그래서 운남성공사에서 가공비 30만 위안을 선지급해 주었는데도 여전히 힘들었다.

1995년 운남성공사는 곤명 차창에 대해 개혁을 단행했다. 차창 규모를 줄여서 가볍게 운영하기로 한 것이다. 곤명 시 중심에 있던 차창 자리를 도매시장 상인들에게 창고로 빌려주고 임대료를 받았다. (석곤목이 구두공장이라고 한 곳이 바로 여기다.) 그리고 직원들 일부는 운남성공사의 다른 활발한 부서로 이동시키고, 일부는 운남의 다른 차창으로 이동시켰다. 그리고 남은 직원들은 십리포(十里鋪)라는 곳으로 공장을 옮겨 계속 차를 만들게 했다. 그때 가장 주요한 제품이 7581 전차였다. (석곤목이 어디선가 끊임없이 생산되고 있다고 한 7581 전차가 바로 십리포로 옮긴 곤명 차창에서 생산한 것이었다. 사실 도산한 공장의 직원들이 모여서 따로 주문을 받고 생산을 했다는 발상 자체가 비현실적이긴 하다.)

몸집을 줄인 덕에 곤명 차창은 다시 수익이 좋아졌고 계속 운영되었다. 그러니까 곤명 차창은 문을 닫은 적이 없었고 7581도 직원들이 직접 주문받아서 만들었거나 작은 가공장에서 만든 것이 아니라 규모를 줄여 새로 이전한 곤명 차창에서 만들었던 것이다.

7581은 곤명 차창을 대표하는 보이차다.

# 보이차 버블을
# 바로잡으려는 노력

PU'ER
TEA

　대만 사람 등시해는 1995년에 〈보이차〉라는 책을 썼다. 이 책은 보이차가 알려지는 데 매우 큰 공헌을 했다. 등시해는 이 책에서 여러 종의 옛날 보이차를 소개했다. 운남에 아직 개인 차장이 있던 시절에 만든 차들이었다. 그 책이 출간된 1995년 기준으로 최소한 몇십 년은 된 차인데 아직 윤기가 자르르 흐르는 차 사진을 보고 사람들은 감탄했다. 100년이 되어도 음용이 가능한 '마시는 골동품' 차가 그들의 호기심을 자극했다.

　이 책은 중국에서도 출판되었다. 중국에서 보이차 열풍이 부는데 역시 큰 공을 세웠다. 그러나 사실 등시해의 〈보이차〉에는 잘못된 정보가 매우 많았다. 현대 들어서는 처음으로 보이차에 관한 책을 쓴 데다, 운남 사람이 아니라 대만 사람이다 보니 정보를 수집하는 데도 한계가 있었을 것이다. 하지만 그런 점을 감안한다 해도 보이차 계를 나쁜 쪽으로 이끄는 데 큰 역할을 했다.

그후 〈보이차보(普洱茶譜)〉라는 책도 출간되었다. 이것은 정말 문제가 많은 책이다. 보이차를 취급하는 상인들이 자기가 가진 차의 사진을 찍고 스토리를 만들어서 책으로 엮어 잘못된 정보가 대단히 많다. 그러나 〈보이차〉와 〈보이차보〉는 상인들이 곁에 놓고 수시로 펼쳐보며 소비자들을 호도하는 데 경전처럼 사용되었다. '자, 보세요. 지금 이 차가 〈보이차〉, 〈보이차보〉에 나와 있죠? 족보가 있는 차입니다. 이 차를 꼭 사세요. 지금 사지 않으면 값이 점점 올라서 나중에는 못 삽니다' 하고 차를 팔았다. 책에도 나온 차라니, 소비자들은 믿음이 생겨서 구입했다.

악의적인 고의가 아니라 해도 대만 사람들이 보이차에 관한 책을 쓰기에는 힘든 점이 많았다. 언어도 문제가 되었다. '같은 중국 사람들인데 언어가 무슨 문제가 될까?' 싶지만 정말로 문제가 되었다. 매우 심한 운남 사투리를 쓰면 대만 사람도 못 알아듣는 것이다.

오강의 〈칠자병감차실록〉에 그 이야기가 나온다. 한 대만 작가가 추병량을 인터뷰했다. 추병량은 해만 차창 창장이고 과거에는 맹해 차창 창장이었다. 또한 1973년도에 숙차 가공법을 학습하기 위해 광동으로 떠났던 7인의 학습조 중 한 명이다. 그는 운남 토박이로 대단히 심한 운남 사투리를 쓴다. 한 대만 작가에게 추병량이 과거에 홍콩으로 수출했던 보이차를 설명했다. '과거 홍콩 사람들은 숙차도 너무 발효가 많이 된 것은 선호하지 않기 때문에 70% 정도만 발효된 숙차를 만들었다'고 말하면서 '70%는 숙, 30%는 생'이라는 표현을 썼다. 그는 70% 정도 발효된 차라고 한 말이었지만 대만 작가는 '숙차 70%와 생차 30%를 섞은 차'라고 이해했고, 그 내용을 책에 썼다. 그 책이 나온 후 시중에 갑자기 '70% 숙차와 30% 생차를 섞어서 찍은 차'가 대량으로 등장했다.

이 시기에 운남성공사에서 잘못된 정보를 바로잡아 주었다면 좋았을 텐데, 마침 그때 운남성공사는 사내도급제를 실시하며 사업이 너무 잘되어 눈코 뜰 새 없이 바빴다. 그래서 자기들이 예전에 홍콩에 팔았던 차가 대만으로 가서 부풀려지고 분칠되고 있는 것에는 관심을 둘 겨를이 없었다.

2000년대 들어 운남 사람들이 보이차에 관한 책을 쓰기 시작했다. 보이차에 관심이 많아 차 산지를 직접 발로 뛴 첨영패 기자가 쓴 〈중국보이차고육대차산〉, 운남성공사에서 몇십 년간 수출 관련 업무를 보았던 추가구가 쓴 〈만화보이차〉, 대학에서 보이차를 가르치는 주홍걸 교수가 쓴 〈운남보이차〉, 이무에서 선생님으로 근무하며 보이차 역사에 관심을 가진 고발창이 쓴 〈고육대차산사고〉, 곤명에서 보이차 전문 잡지사에 근무하는 기자 양개가 쓴 〈호급골동차사전〉 등등이었다.

그들은 대만 사람들이 마구 헝클어놓은 보이차의 과거를 하나하나 풀어가며 정리하고 해명했다. 그 덕에 옛날 차장과 그 차장에서 만들었던 차들의 연대가 바로잡히고 진품으로 탈바꿈한 방품이 드러났다. 그러면서 소비자들은 보이차를 좀더 이성적으로 바라볼 수 있게 되었다.

2003년에 운남성질량기술감독국(雲南省質量技術監督局)에서 '보이차가 무엇인가'를 규정해서 발표했다. 제목은 '보이차운남지방표준'이었다. 이 표준은 '보이차란 운남성에서 자라는 운남대엽종으로 만든 쇄청모차 원료를 후발효한 산차와 긴압차'라고 했다. 조금 복잡한 말이니 하나씩 살펴보자.

먼저 운남대엽종은 차나무의 품종 이름인데, 운남에서 재배되는 대부분의 차나무가 운남대엽종이다. 이것은 문제가 없다. 그 다음 원료인 쇄청모차는 잎을 따서 솥에 덖고 유념하고 햇빛에 말린 차를 가리킨다. '쇄'라는 말이 '햇빛에 널다'는 뜻이다. 본래 운남 사람들이 모차를 만들 때 이렇게 했으니 이것도 문제가 아니다. 문제는

'후발효'라는 말이었다. '후발효'라는 말 때문에 이 기준은 발표되자 마자 격렬한 논쟁을 불러일으켰다. 여기서 말하는 '후발효한 산차와 긴압차'는 1973년부터 운남에서 만들기 시작한 악퇴한 보이차를 가리킨다. (악퇴한 차는 숙차라 하고 악퇴를 하지 않은 차는 생차라고 한다.)

이 기준에는 악퇴하지 않은 생차가 빠졌다. 지금 우리는 자연스럽게 '보이차에 생차와 숙차가 있다'고 말한다. 그런데 왜 2003년의 표준에는 생차가 빠졌을까? 이유가 있다. 보이차는 오랫동안 운남에서 만들어 홍콩으로 보내졌다. 운남 사람들은 보이차를 만들어서 수출만 하고 자기들은 마시지 않았다. 보이차를 마신 것은 홍콩 사람들이었다.

그런데 홍콩 사람들은 습관적으로 발효된 차만 '보이차'라고 부르고 발효가 되지 않은 차는 '보이차의 원료'라고 불렀다. 그들은 '보이차 원료'를 창고에 넣어 10년 숙성해야 '보이차'가 된다고 생각했다. '보이차운남성지방표준'은 이런 사실을 고려해서 만들었다. 왜냐하면 홍콩 사람들이 보이차의 최대 고객이었기 때문이다.

만약 이 표준이 1980년대나 1990년대에 나왔다면 아무 문제도 없었을 것이다. 중국 사람들은 보이차가 무엇인지도 몰랐으니까 뭐라고 정의하든 상관도 하지 않았을 것이다. 그러나 이 표준은 2003년에 발표되었다. 이미 중국 사람들이 보이차에 관심을 갖고 구입하고 저장하기 시작한 때였다. 보이차 생차를 잔뜩 구입해서 저장해 놓았거나 생차를 가공하는 사업체를 꾸렸는데 생차가 보이차가 아니라고 하면 경제적으로 큰 손실을 입겠다고 생각한 그들은 보이차의 역사를 증거로 대며 반박했다.

"이것 보시오. 역사에 보이차가 등장한 것이 명나라 때요. 청나라 때 대단한 인기를 구가했고 중화민국 시대에 육대차산에서 홍콩에 대량으로 수출했던 보이차들은 전부 악퇴를 한 보이차가 아니었소. 악퇴를 한 차는 그 길고 긴 보이차 역사의 끄트머리인 1973년에 겨우 등장했소. 그런데 어떻게 보이차에서 그 긴 역사를 무시할 수 있소?"

논쟁은 매우 격렬했다. '숙차만 보이차다, 생차는 보이차가 아니다'라고 주장하는 강사가 진행하는 강의에 한 남자가 난입해서 연단을 뒤엎고 부순 일도 있었다. 그 남자는 '왜 숙차만 보이차냐, 생차도 보이차다'는 것을 주장하려고 했다 한다.

숙차만 보이차라고 주장하는 사람들은 그들 나름의 이유가 있었고, 생차도 보이차라 주장하는 사람들도 근거가 있었다. 진통 끝에 2006년 운남성질량기술감독국은 '보이차운남성지방표준'을 재발표했다. 새로운 표준에는 생차와 숙차가 모두 보이차에 포함되었다. 거대한 보이차 시장이 중국에 형성된 이상 보이차의 정의는 중국 사람들 기준으로 새로 정할 수밖에 없었다.

# 오래된 차나무의 수난시대

PU'ER
TEA

보이차에 관심을 갖는 사람들이 많아지면서 깊은 숲에서 잘살고 있던 오래된 차나무들은 재앙에 맞닥뜨렸다.

천가채에 유명한 차나무가 있다. 높이가 25.6미터나 된다. 학자들이 추정하는 수령은 2,700년이다. 천복(天福)이라는 대만 차 회사가 이 차나무를 보호하겠다고 나섰다. 천복그룹은 나무뿌리가 드러나는 것이 걱정된다며 흙을 돋아주고 흙이 쓸려내려가지 않게 시멘트 단을 쌓아올렸다. 2001년에 차나무에서 멀찍이 떨어진 곳에 '세계 최고(最古)의 차나무'라는 비석을 세웠는데, 천복그룹은 이 비석을 뽑아 차나무 가까이에 세우고 자기들도 비석을 하나 더 세웠다. 천복그룹은 이런 '보호조치'를 하며 돈을 썼다고 매년 이 차나무 잎으로 10킬로그램의 차를 만들어 달라고 요구했다. 10킬로그램의 차를 만들려면 40~50킬로그램의 생찻잎이 필요하다. 그러나 천가채 차나무를 관리하는 관리인은 '대만 사람이 주기로 한 돈을 아직 못 받았다'고 했다. 돈보다 더 큰 문제는 천복그룹의 '보호조치' 후에 천가채 차나무가 슬슬 말라죽기 시작한 것이다.

이 사건은 운남 사람들의 분노를 불러일으켰다. 그들은 천복그룹의 잘못된 조처가 차나무를 말라죽게 했다고 주장했다. 차나무는 산성토양을 좋아하는데 알칼리성 시멘트로 단을 만들었고, 그 단이 물 빠짐을 막아 뿌리가 썩어 죽는다고 했다.

이 과정에서 그들은 천복그룹에서 판매하는 한 차를 지목했다. 차통에 천가채 차나무가 흐릿하게 인쇄되어 있었고, 사모 지역에 자생하는 천 년 넘는 차나무 잎으로 만든 차라고 설명해 놓았다. 천가채라는 말만 없지 여러 장치로 소비자가 '이 차는 천가채 2,700년 차나무 잎으로 만들었나?' 하고 생각하게 유도했다. 차는 꽤 잘 팔렸다. 물론 이 차의 원료는 천가채 2,700년 차나무 잎이 아니었다. 그 나무 한 그루에서 그렇게 많은 찻잎이 나지도 않을 뿐더러 한 통에 몇십 위안일 리도 없다.

기자들이 당시 운남성다엽협회 추가구 회장을 인터뷰했다. 추가구는 인터뷰에 응하면서 명예훼손으로 고소당할 것을 염려해 천복이라는 이름은 기사에 쓰지 말라고 당부했다. 그러나 기자는 천복과 천복그룹 사장 이서하(李瑞河)의 이름까지 밝히면서 기사를 썼다. 우려했던 대로 천복그룹은 추가구 회장과 기자를 명예훼손으로 고소했다. 추가구 회장도 맞고소를 했다. 이쯤되니 문제가 커졌다. 중국 다인들이 들고일어났다. 추가구 회장이 책에 이런 에피소드를 썼다.

운남에서 멀리 떨어진 동북 지역에 사는 한 아버지가 밤늦게 천복 매장으로 문제의 차를 사러 갔다. 아들이 어디 가냐고 묻자 아버지가 말했다.

"멀리 있는 어떤 아저씨를 위해 증거를 모으러 간다."

"그 아저씨는 아버지 친구인가요?"

"친구라고도 할 수 있고 아니라고도 할 수 있다."

소년은 아버지의 말뜻을 이해할 수 없었다. 아버지가 다시 말을 이어갔다.

"나는 네가 어른이 된 후에도 운남에 세상에서 가장 오래되고 가장 키 큰 차나무가 살아 있기를 바란단다."

아버지와 어린 아들의 대화는 감동적이지만 재판 결과는 썩 좋지 않았다. 기자는 무혐의, 추가구 회장은 패소했다. 그는 천복그룹과 이서하에게 공개적으로 사과하고 배상금 2만 위안을 냈다.

이런 일도 있었다. 경매(景邁) 지역에 660헥타르 규모의 다원이 있다. 이곳에 오래된 차나무가 많다. 그 잎으로 차를 만들면 매우 향기로운 차가 된다. 이 지역에 태족이라는 소수민족이 산다. 이들은 운남에 사는 25개 소수민족 중에서 가장 인구가 많다. 대대로 지배 민족이었으며 고유의 언어와 문자가 있고 불교를 믿는다. 경매차산 태족들은 매년 마을에 있는 천 년 차나무에 제사를 지내고 스님들이 가서 불경도 외워주면서 살뜰하게 보살폈다.

그러나 보이차 바람이 불기 시작하면서 이 천 년 차나무에 불행이 닥쳤다. 대만에 적을 둔 '101'이라는 회사가 나타나 이 나무를 '보호'하기 시작했다. 2003년 겨울과 2004년 봄에 천 년 차나무 주변의 잡초를 뽑고 나무 주변에 구멍을 뚫어 비료를 주었다. 주변의 오래된 차나무를 몇 그루 베어내고 정자도 세웠다.

101 회사가 보호조치를 하고 몇 년이 지난 2008년 8월에 천 년 차나무는 하얗게 말라 죽었다. 원인을 분석한 연구원들이 비료를 과도하게 주어서 차나무가 말라 죽었다고 했다. 이미 완전히 죽었기 때문에 어떤 조치로도 돌이킬 수가 없었다. 화난 주민들이 죽은 차나무를 뽑아다 마을 한가운데 있는 사원 앞에 던져놓았다.

죽은 나무는 한동안 사원 앞에 있었다. 그러나 필자가 그 마을에 갔을 때는 이미 사라지고 없었다. 그마저도 누군가 가져다 돈으로 바꿨던가 보다. 본래 그 나무가 있던 땅의 주인은 '누군가 가져가기 전에 우리집에 가져다놨어야 하는데' 하고 아까워했다. 보이차가 인기를 끌면서 조용히 살던 차나무들이 오히려 수난을 당한 사례가 많았다.

# 고수차와 대지차

운남성농업과학원 다엽연구소가 만든 기준과 서쌍판납 및 보이시 고차수 다원 보호 조례에서 수령이 100년 넘은 차나무를 '고차수'라고 규정한다. 몇백 년 전 운남의 재배기술은 매우 뒤떨어져 있었다. 오늘날처럼 나무를 빽빽하게 심으면 나무가 살지 못하고 죽었다. 그래서 어쩔 수 없이 여기 한 그루 저기 한 그루 띄엄띄엄 심었다. 나무를 띄엄띄엄 심으니 한 그루당 차지하는 땅 면적이 넓었다.

단위 면적당 생산성은 떨어지지만 비료를 따로 주지 않아도 나무는 잘 자랐고 나무가 건강하니 병충해도 생기지 않았다. 병충해가 없는 나무에 돈 들여 농약을 칠 필요가 없으니 이런 나무들은 매우 안전하다. 실제로 내가 10년 넘게 차산을 다니면서 벌레 먹은 고차수는 딱 한 번 봤다. 그 나무 주인은 이렇게 말했다. "이 나무가 병충해를 스스로 이길 것이다. 만약 끝내 이기지 못하면 잘라버리면 된다."

그러나 고차수는 수량이 너무 적다. 운남 전체 차나무가 100이라면 고차수는 5밖에 되지 않는다. 하기는 몇백 년 된 차나무가 굉장히 많다면 그것이 더 이상한 일이다. 나머지 95는 대지차다.

대지차는 흔히 고수차에 반대되는 의미로 쓰인다. 나무가 오래되지 않고 빽빽하게 심겨 있다. 좁은 면적에 나무를 빽빽하게 심으면 나무 한 그루당 차지하는 땅의 면적이 좁고 다른 나무들과 영양을 경쟁하니 농부들은 비료를 주어 부족한 지력을 보충한다. 나무가 약하니 병충해도 잘 생겨 농약도 준다.

그렇다면 대지차는 전혀 미덕이 없을까? 아니다. 미덕의 기준을 어디에 두느냐에 따라 다르다. 농약과 비료를 하지 않은 차를 원하는 사람에게 대지차는 미덕이 없는 차이지만, 대량으로 차를 생산하고자 하는 차 공장 사장님은 대지차를 주로 선택한다. 대량생산하니 원료가 안정적으로 공급되고 고수차보다 가격이 훨씬 싸기 때문이다.

오늘날은 고수차가 대단한 인기를 구가하고 있지만 불과 몇십 년 전만해도 고수차는 천덕꾸러기였다. 그도 그럴 것이 자리는 많이 차지하지한 나무에서 열리는 잎은 얼마되지 않지, 잎을 따려면 사람이 높이 올

1980년대 이후 조성된 신식 다원의 대지차 나무들

라가야 하니 위험하지 꽤나 다루기 어려웠다.

1980년대 후반부터 중국 정부는 이처럼 생산성이 떨어지는 고차수를 베어버리고 생산성이 높은 개량종 차나무를 심으라고 지도했다. 심지어 고차수를 베어버리고 옥수수나 땅에서 자라는 벼를 심게 지도하기도 했다. 이때 잘려나가고 베어진 오래된 차나무들이 많았다.

더구나 과거 사람들은 고수차와 야생차를 잘 구별하지 못했다. 야생차를 마시면 안 된다는 것은 1970년대 티베트 야생차 사건으로 잘 알고 있었기 때문에 국영 차창은 야생차를 수매하지 않았다. 더불어 위험해 보이는 고수차도 수매하지 않았다. 고수차의 화학성분을 검사하고 안전하다는 평가가 내려져 국영 차창이 수매를 시작한 것이 1985년 이후의 일이다.

그러나 당시에 고수차 가격은 여전히 낮았고 생산성도 떨어졌기 때문에 시장이 형성되지 않았다. 2001년부터 2003년 사이에 상인들이 이무로 들어가기 시작했다. 이때부터 고수차 시장이 조금씩 형성되기 시작해서 2003년에는 고수차 가격이 대지차와 같아졌다. 그후부터 고수차 가격이 계속 올라 오늘날은 대지차와 몇십 배까지 차이가 난다.

고수차와 소수차는 맛에서 차이가 날까? 그렇다. 이무에 오래된 차나무가 자라는 다원이 있다. 이 다원 주인이 오래된 차나무 씨를 받아서 가까운 밭에 심었다. 새로 심은 차나무에는 약간의 비료를 쳤다. 몇 년 지나자 새로 심은 차나무가 잎을 딸 만큼 자랐다. 둘은 품종이 같고 사는 환경도 토양도 같다. 차이점은 수령과 비료를 쳤는가였다.

이 두 나무 잎을 따서 차를 만들어보았다. 같은 날 잎을 땄고 같은 사람이 차를 덖게 했다. 결과물은 비슷했다. 생김새는 구별하기 어려울 정도로 비슷했고 향기도 그랬다. 맛도 비슷했으나 깊이감에서 차이가 났다. 고수차는 쓴맛이 덜하고 떫은맛이 없고 부드러웠으며 깊이감이 있었다. 반면에 소수차는 쓴맛이 강하고 떫은맛이 많았다.

| 고수차 | 소수차 |
|---|---|
| 쓴맛이 덜하고 부드러움 | 쓴맛이 강함 |
| 떫은맛이 적음 | 떫은맛이 강함 |
| 깊이 있고 묵직한 맛 | 옅은 맛 |
| 은은하고 깊은 향기 | 강한 향기 |

차 애호가들은 왜 고수차와 소수차의 내포성이 차이 나는지 궁금해한다. 내포성은 차를 여러 번 우려낼 수 있는 성질을 말한다. 중국 차 전문가들 중에는 가공 때문이라고 말하는 사람도 있다. 소수차는 기계로 유념하니 잎의 손상이 많아 내포성이 떨어지고 고수차는 손으로 유념해서 잎의 손상이 적어 내포성이 좋다는 것이다. 이 말도 일리는 있다. 그러나 100% 옳다고는 말할 수 없다.

위에서 예를 든 두 차를 비교해 보자. 필자는 두 차를 완전히 같은 조건에서 만들었다. 둘 다 손으로 땄고 장작불을 때서 무쇠솥에 덖었고 손으로 유념했다. 그리고 햇빛에 널었다. 이렇게 최대한 두 차의 조건을 맞추었는데도 고수차는 내포성이 좋고 소수차는 내포성이 떨어졌다.

그렇다면 두 차가 내포성에서 차이 나는 것은 유념 때문이라 하기 어렵다.

내포성과 맛의 깊이는 우롱차를 마실 때도 느껴졌다. 농약과 비료를 하지 않은 유기농 우롱차의 맛이 훨씬 깊고 내포성이 좋았다. 백차도 마찬가지였다. 유기농 차나무 잎으로 만든 백차는 내포성이 뛰어났다. 여러 종류의 차를 비교하면서 내포성의 차이는 가공이나 농약이 아니라 비료 때문이라는 생각이 들었다.

비료를 친 차나무는 빨리 자란다. 비료를 치지 않은 차나무가 10년이 되어야 겨우 잎을 딴다면 비료를 치면 3~4년 만에 수확이 가능하다. 비료를 치면 봄에 새잎도 빨리 자란다. 그런데 농부가 잎을 딸 때는 새 싹이 나오고 며칠째 따는 것이 아니라 자기가 만들 차의 조건에 따라 1아2엽, 1아3엽, 4엽이 될 때를 기준으로 딴다. 비료를 치면 잎이 빨리 자라 채엽 기준에 빨리 도달한다. 비료를 친 1아2엽 차가 3일 만에 자란다고 했을 때 비료를 치지 않으면 6일 만에 1아2엽으로 자란다. 그 사이 잎에는 여러 가지 화학성분이 축적된다. 차의 맛은 화학성분이 결정하니 화학성분이 많이 축적된 잎이 맛이 진하고 내포성이 좋을 것이라고 생각된다.

그러나 내가 직접 두 종류 차의 화학성분을 날마다 체크한 것이 아니어서 지금은 가설일 뿐이다. 이 주제로 진행된 실험도 아직껏 보지 못했다. 언젠가 기회가 되면 이 실험을 해보는 것도 재미있을 것 같다.

# '더 멍청한 바보' 이론과 보이차

　잠깐 튤립 이야기를 해보자. 16세기에 동양에서 유럽에 소개된 튤립은 특히 네덜란드에서 인기가 많았다. 1635년 즈음에 갑자기 튤립 값이 치솟기 시작했다. 1년 동안 가격이 56배 뛰었고 '셈퍼 아우구스투스'라는 튤립 한 뿌리로 암스테르담 운하 가에 위치한 호화주택을 살 수도 있었다. 이쯤 되니 많은 사람들이 생계수단을 처분한 돈으로 튤립을 샀다. 더 많은 자금이 유입되면서 튤립 가격은 연일 최고치를 기록했다. '길 엔데 루트 반 레이덴'이라는 튤립은 한 달 동안 46길더에서 515길더로 올랐고, '스위처'는 60길더에서 1,800길더로 뛰었다.

　이 믿기 어려운 현상을 설명하는 것이 '더 멍청한 바보' 이론이다. 튤립 한 뿌리를 몇 천 길더씩 내고 사는 것은 바보 같은 짓임에 틀림 없다. 그러나 튤립 값이 계속 올라가고 누군가가 내 튤립을 살 가능성이 있는 이상 튤립을 사는 것이 가장 현명한 행동이다. 나보다 더 멍청한 바보가 있는 한 돈을 벌 수 있는 것이다.

튤립의 종말은 갑작스럽게 찾아왔다. 1637년 2월 4일 아침부터 더 멍청한 바보가 나타나지 않았다. 전날까지만 해도 교역은 순조로웠다. 그러나 뚜렷한 이유도 없이 하루아침에 시장이 붕괴되었다. 산 가격보다 싸게 내놔도 사는 사람이 없으니 시장은 공황에 빠졌다. 일주일 사이에 튤립 가격은 90%나 빠졌고 수많은 사람들이 알거지로 전락했다. 오랫동안 네덜란드의 튤립 열풍은 거품 경제의 전형으로 꼽혀왔다.

그로부터 몇백 년이 지난 후 비슷한 사건이 중국에서 일어났다. 이번에는 튤립 대신 보이차였다. 1995년 대만에서 나온 등시해의 〈보이차〉가 2004년에 대륙에서 출판되었다. 같은 해 운남농대 주홍걸 교수가 편집한 〈운남보이차〉가 출판되었다. 시민들의 주의를 끄는 여러 굵직한 행사들도 여기저기서 열렸다.

2004년 2월, 광동성에서 열린 경매에서 보이차고(普洱茶膏)가 등장했다. 이 차고는 중국의 유명한 소설가 노신(魯迅)이 생전에 마시던 것이라 특별한 의미가 있었다. 금색 용무늬 비단을 덧댄 나무상자에 3그램짜리 네모난 보이차고 39개가 들어 있었다. 노신의 가족은 그중 한 조각만 경매에 붙였다. 경매 당일 사람들이 구름떼처럼 몰려들어 보이차고 향기라도 맡아보려고 코를 들이미는 통에 보이차고 한 귀퉁이가 깨지는 불상사가 일어났지만 경매는 예정대로 열렸다. 보이차고 3그램이 1만 2,000위안에 낙찰되었다. 차 3그램에 한화 200만 원이라니, 당시로서는 정말 놀라운 뉴스였다.

다음해인 2005년 전세계에서 보이차에 큰 공헌을 한 인물 10인을 선정했다. 일주일도 안 되어 120마리 말이 1만 4,420편의 보이차를 싣고 보이를 출발해 북경으로 가는 행사가 시작되었다. 그들은 마방처럼 꾸미고 5개 성 80개 도시를 거쳐 4,000킬로미터를 행군한 끝에 5개월 만에 북경에 도착했다. 매스컴은 5개월 동안 거의 날마다 마방이 어디를 지나가고 있는지 보도했다. 시민들의 주의를 끌기에 충분할 정도로 요란한 행사였다. 마방 행사는 자선경매로 이어졌는데 유명한 배우가 기증한 보이차 7편이 한화로 약 3억 원에 팔리며 이목이 집중되었다.

그밖에도 큰돈과 조직이 있어야 가능한 굵직굵직한 행사가 몇 차례 열렸다. 사람들의 이목이 자연히 보이차에 쏠렸다. 운남농대 주홍걸 교수의 〈운남보이차〉는 숙차의 가공원리를 설명하는 어려운 과학책인데도 수십만 부가 팔렸다. 그만큼 사람들이 보이차에 관심을 가졌다.

무엇보다도 그들을 혹하게 한 것은 끝없이 상승하는 가격이었다. 몇 년 사이에 보이차 값이 몇십 배에서 몇백 배까지 뛰어올랐으니 집을 팔고 주식 판 돈을 보이차에 쏟아붓는 사람들이 늘었다. 유명 인사들이 주식에 투자하느니 보이차에 투자하면 수익이 몇 배라고 공공연하게 부추겼다. 투자자들이 늘어날수록 보이차 가격은 상승했다.

운남에 보이차 생산공장이 우후죽순으로 늘어났다. 제약회사, 보석회사가 자회사로 보이차 회사를 설립했고 식당 주인과 의사와 선생과 트럭 운전사가 직장을 그만두고 가공장을 세웠다. 어느 순간부터 보이차는 마시고 즐기는 차가 아니라 일확천금을 꿈꾸는 사람들의 투기 대상이 되었다. 보이차를 마셔본 적도 없고 손톱만큼의 지식이 없어도 문제가 되지 않았다. 나보다 '더 멍청한 바보'가 뒤에서 받쳐주는 한 손해볼 일은 없을 것이라는 믿음이 있었던 것이다.

2007년 봄, 보이차 거품이 최고점을 찍었다. 차창에서 1상자에 인민폐 5천 위안에 출하된 보이차가 1급대리상의 손을 떠날 때는 9천 위안이 되고, 2급대리상에게 가서는 1만 9천 위안이 되었다. 며칠 사이에 일어난 일이다.

하지만 튤립이 그랬던 것처럼 보이차 열풍도 갑자기 수그러들었다. 5월을 지나면서 보이차를 사려는 사람이 나타나지 않았다. 사려는 사람이 없으니 보이차 값은 뚝뚝 떨어졌다. 어리둥절한 사람들이 일시적인 현상이려니 하고 기다려보았지만 보이차 값은 회복될 기미가 없었다. 지난 몇 년 동안 보이차 가격을 올리기 위해 투기를 했던 세력들이 실컷 재미를 보고 고점에서 빠져나간 것이다.

차 가게들이 문을 닫았고 신흥 차 회사는 도산했다. 산지에서는 인건비도 안 나온다며 새로 돋아나는 잎을 따지도 않고 방치하는 일이 많았다. 휘몰아치며 부글부글 끓던 광기가 사라진 다음에 남은 것은 보이차 폭탄을 자기 손에서 터뜨려버린, 그래서 '제일 멍청한 바보'가 된 자들의 분노와 허탈과 후회뿐이었다.

## 어이없는 이벤트, 고텐부르크 호 기념 보이차

PU'ER
TEA

1745년, 스웨덴의 고텐부르크 호는 도자기, 차, 실크를 싣고 중국을 떠나 긴 항해 끝에 고텐부르크 항 900미터 전방까지 와서 침몰했다. 아직까지도 고텐부르크 호의 침몰 원인은 미스터리다. 암초에 부딪혔다는 이야기도 있고 값비싼 물품을 빼돌린 선원들이 일부러 침몰시켰다는 이야기도 있다. 스웨덴은 1984년 이 배를 인양했다. 인양하는 데 장장 10년이 걸렸다. 스웨덴은 인양작업의 결과물을 토대로 배를 복원했고, 그 김에 고텐부르크 항구를 출발해 7개국을 거쳐 중국까지 오는 행사를 기획했다. 가는 곳마다 경축행사가 벌어졌고 시민들은 입장권을 사서 배 위로 올라가 구경했다.

이에 맞추어 운남에서는 고텐부르크라는 이름의 보이차가 출시됐다. 260여 년 전에 침몰한 고텐부르크 호와 보이차가 무슨 상관이 있는 것일까? 연유인 즉 이렇다.

어떤 운남 사람이 뉴스에 서 고텐부르크 호 이야기를

고텐부르크 호 기념병

들었다. 그는 모형 선박 만드는 일을 하는 사람이라 고텐부르크 호를 본뜬 모형 선박을 만들면 상업성이 있을 것이라고 판단했다. 그래서 라이선스를 따려고 스웨덴 측과 접촉했다. 그 과정에서 고텐부르크 호에서 차를 건져올렸다는 이야기를 들었다. 과거 중국에서 외국에 제품을 수출할 때 저급차는 도자기를 보호하는 충전재로 쓰고 고급차는 주석통에 따로 담았다. 충전재로 쓴 차는 바닷물에 쓸려갔지만 주석통은 밀폐력이 좋아서 200년 넘게 바닷속에 있었는데도 차가 어느 정도 형태를 유지하고 있었다.

모형 선박을 만드는 사내는 그 말을 듣고 불쑥 보이차를 떠올렸다. 그리고 근거도 없이 고텐부르크 호에서 건져올린 차는 보이차일 것이라고 단정지었다. 그는 당장 보이차 회사를 차리고 고텐부르크호 기념병을 만들었다. 그리고 남아프리카에 정박 중이던 고텐부르크 호를 찾아가 차 3,000편을 증정했다. 이 차는 고텐부르크 호의 공식 차가 되었다. 배가 최종 목적지인 상해에 도착했을 때 선원들은 이 차를 선물로 받았다. 그렇게 해서 보이차는 고텐부르크 호를 타고 스웨덴까지 갔다.

1년 후, 경매 사이트에 고텐부르크 보이차가 올라온 것을 보았다. 1편에 우리나라 돈으로 50만 원. 고텐부르크라는 이름 없이 차의 품질만 놓고 본다면 터무니없는 고가였다.

그러나 사실 고텐부르크 호에서 나온 차는 보이차가 아니었다. 얼마 후 중국다엽연구소에서 고텐부르크 호의 차를 조사한 결과 안휘성에서 만든 송라차(宋蘿茶)라고 발표했다. 고텐부르크 호가 바다에 빠졌던 1745년은 아직 육대차산에 한족이 들어가기도 전이다. 당연히 외국으로 보이차를 수출하지도 않았다. 보이차가 유럽에 수출된 기록은 1976년부터였다. 참고로 2019년 현재 이 차의 가격은 4만 원이다. 인민폐 아니고 한화다.

# 운남 원료로 운남에서 만들어야 '보이차'

PU'ER
TEA

그러는 와중에도 한편에서는 묵묵히 보이차를 붙잡고 있는 사람들이 있었다. 그들은 보이차를 연구하고 보이차 산업을 안정적으로 발전시키기 위해 노력했다. 그런 노력의 일환으로 2008년에 보이차가 지리적표시제품(GB/T 22111-2008)이 되었다. 2003년과 2006년에 발표되었던 것보다 한 단계 발전한 기준이었다.

'지리적표시제품 보이차'는 '보이차'를 '운남성 일부 지역에서 생산되는 운남대엽종 차나무 잎으로 만든 쇄청모차를 원료로, 운남 일부 지역에서 가공된 숙산차, 긴압한 생차, 긴압한 숙차'라고 정의했다. 이 말을 조금 편안한 말로 풀어보면 '오직 운남 원료로, 운남에서 만들어야만 보이차라고 할 수 있다'는 것이다.

지리적표시제품 로고. '지리적표시제품 보이차'가 보호하는 범위 내의 보이차 생산 기업은 관련 서류를 준비해 신청하면 생산하는 차에 이 로고를 부착하는 허가를 받는다.

이 표준이 발표되자마자 광동이 직격탄을 맞았다. 이 표준이 발표되기 전에는 '보이차'는 꼭 운남성이 아니라 다른 성에서도 많이 만들었다. '보이차' 가공법으로 가공하면 '보이차'라는 이름을 쓸 수 있었다. 그래서 광동성, 사천성, 호남성 등지에서도 '보이차'를 생산했다. 그러나 이제는 운남성 이외의 다른 지역 사람들은 더이상 '보이차'라는 이름을 쓸 수 없게 되었다. 사실 과거 광동은 운남보다 보이차를 더 많이 저장하고 더 많이 수출했다.

광동성이 '지리적표시제품 보이차'라고 하지 말고 '지리적표시제품 운남 보이차'로 하자고 요청했다. '지리적표시제품 운남 보이차'가 되면 운남 보이차도 있고 광동 보이차도 있는데, 운남 보이차의 품질이 다른 보이차들보다 좋다는 의미가 된다. 운남 보이차가 제일 좋은 것은 인정하겠으니 광동 보이차도 존재할 수만 있게 해달라는 요청이다. 그러나 이 요청도 받아들여지지 않았다. '지리적표시제품 보이차'가 시행된 후 오직 운남 일부 지역에서 운남 원료로 만든 보이차에만 보이차라는 이름을 붙일 수 있게 되었다.

투기세력이 돈을 잔뜩 벌고 빠져나간 후에 보이차 시장은 붕괴된 것처럼 보였다. 보이차는 이제 끝났다고 생각하는 사람도 많았다. 그러나 보이차 시장은 무너지지 않았고 다시 살아났다. 보이차를 다시 살린 것은 거대한 중국 소비자들이었다. 거대한 시장을 가졌으니 보이차는 무너질 수가 없었다.

그런데 새롭게 보이차 소비자가 된 중국 사람들은 과거 홍콩이나 대만 소비자들과는 취향이 달랐다. 홍콩 사람들은 거친 잎으로 만든 보이차를 선호했다. 그러나 중국 사람들은 어린잎 보이차를 선호했다.* 홍콩 사람들은 보이차를 어디서나 편하게 마실 수 있는 저렴한

---

* 어린잎을 악퇴해서 만든 대표적인 차가 7262다. 많은 사람들이 7262가 1972년도부터 만들어진 차라고 생각하지만 7262는 1996년에 첫 제품이 제작되었다. 1997년, 1998년에도 생산은 되었다. 그러나 당시 가장 큰 시장이었던 홍콩 사람들이 등급이 너무 높은 차를 선호하지 않았기 때문에 대규모로 생산되지는 않았다. 대규모로 생산된 것은 2000년 이후의 일이다. 이때부터 대륙에서 보이차를 마시기 시작했는데, 대륙 소비자들이 거친 잎차보다는 고운 잎차를 선호했기 때문이다.

차라고 생각했지만 오래된 보이차가 비싼 가격에 거래되는 것을 보고 충격을 받아 보이차에 입문한 수많은 중국 사람들은 보이차를 비싼 차라고 인식했다.

보이차라는 상품은 이런 중국 소비자들의 시각에 맞추어 고급스러워졌다. 점점 어린잎을 어리게 따고 대지차보다는 희귀한 고수차가 인기를 끌었다. (중국 사람들은 희귀한 것을 매우 선호하는 경향이 있다.) 여전히 가끔씩 노차들이 경매에서 놀랄 만한 가격에 거래되어도 노차는 수량이 매우 적고 일반인들이 넘볼 수 없는 가격이어서 거의 사라졌다. 대신 대중의 관심은 해마다 생산되는 고수차에 쏠렸다.

1990년대까지만 해도 고수차보다 대지차가 비쌌다. 고수차는 별 볼 일 없는 재래품종인 데 반해 대지차는 좋은 신품종 차나무 잎으로 만든다는 인식이 있었다. 우리나라 농협격인 합작사에서 차를 수매하러 오면 농부들은 대지차에 고수차를 섞어 대지차라고 속였다. (지금은 대지차를 고수차라고 속여서 판다.) 그런 고수차가 점점 비싸졌다. 고수차를 찾는 소비자들이 많아졌기 때문이다.

모든 농산물이 그런 것처럼 보이차도 수요가 많아지면 가격이 상승한다. 중국 소비자들은 노반장, 이무, 만전 등 차산별 차를 즐겼다. 요사이는 오래된 차나무 한 그루에서 딴 잎으로만 만든 차도 즐겨 마신다. (역시 희소성 때문이다.) 사그라드는 노차 시장에 비해 고수차 시장은 펄펄하게 살아났다. 이런 변화는 현재도 진행 중이다.

세상에 불변하는 것은 없는 법인데 보이차도 예외가 아닌 것 같다. 간혹 누군가 '왜 갑자기 고수차가 인기를 끕니까?', '왜 요새 사람들은 보이차를 숙성하지 않고 마십니까?' 하고 물으면 그것이 '요사이 보이차의 트렌드'라고 대답한다.

　보이차는 참 생명력이 강한 차다. 이처럼 오랜 역사를 가지고 이처럼 광범위한 지역에서 사랑을 받고 이처럼 부침을 겪은 차가 또 있을까? 앞으로 20년, 30년이 지난 후에는 누가 어떤 보이차를 마시게 될지 자못 궁금하다.

# 보이차, 안전한가?

'보이차를 악퇴할 때 여러 미생물이 발생한다. 그 과정에서 곰팡이 독성물질 아플라톡신이 생길 수 있다. 또 보이차는 오래 저장하는데, 그 과정에서도 아플라톡신이 생길 가능성이 있다'고 주장하는 사람들이 있다. 아플라톡신은 노란누룩곰팡이가 만들어내는 독소다. 땅콩이나 옥수수 등 곡류에 특히 많이 발생하는 곰팡이 독소로 사람과 가축의 간과 신장에 치명적인 손상을 입히며 심하면 사망에 이르게 한다. 이런 무서운 독소가 보이차에서 보편적으로 나온다니 소비자들은 몹시 불안해했다.

그러자 운남성에서 이런 실험 결과를 발표했다. 운남성은 여러 해 전부터 매년 정상적인 유통경로를 통해 시중에 판매되고 있는 보이차 119종을 수거해 아플라톡신이 있는지 실험해 왔다. 결과는 한 번도 아플라톡신이 검출되지 않았다. (실험대상이 정상적인 경로로 유통되는 차라는 점을 유의하자. 악의적으로 노차로 보이려고 수단을 쓴 차 등은 아예 대상에서 제외됐다.)

'악퇴할 때 많은 미생물이 생기는데, 그때 아플라톡신을 만드는 노란누룩곰팡이가 생길 수도 있다'는 주장을 반박하기 위해 운남농업대학교 이아리(李雅莉) 교수는 이런 실험을 했다. 일부러 노란누룩곰팡이를 듬뿍 첨가하고 악퇴를 진행한 것이다. 노란누룩곰팡이가 생기는가 안 생기는가를 관찰하지 않고 아예 노란누룩곰팡이를 잔뜩 집어넣고 어떻게 되는지 관찰한 것이다. 굉장히 자신만만하다.

악퇴 초기에는 노란누룩곰팡이가 빨리 성장하고 개체수도 늘어났지만 어느 순간부터 성장이 느려지고 개체수도 줄어들었다. 악퇴가 끝났을 때는 노란누룩곰팡이가 다 사라졌다. 노란누룩곰팡이가 만드는 아플라톡신 독소도 검출되지 않았다.

왜 이런 일이 생기는 것일까? 이아리 교수는 그 이유를 미생물 사이의 길항작용에서 찾았다. 길항작용은 쉽게 말하면 시소 타는 것처럼 한쪽의 힘이 세지면 다른 쪽이 약해지는 것이다. 이아리 교수는 노란누룩곰팡이를 억누르는 것이 검은누룩곰팡이와 효모라고 했다. 검은누룩곰팡이는 악퇴할 때 가장 많이 생기는 곰팡이다. 전체 곰팡이의 70%나 된다. 그 다음이 효모다. 이 곰팡이와 효모가 노란누룩곰팡이를 강력하게 억제한다. 미생물의 세계는 너무나도 신비하다. 이 정도의 실험이면 악퇴 과정에서 아플라톡신이 발생하지 않는다는 것이 납득이 된다.

이상 두 가지 실험으로 소비자가 정상적인 유통경로를 통해 구입한 차는 안전하다는 것이 입증되었다. 중요한 것은 정상적인 유통경로다.

중국도 그렇고 한국도 마찬가지로 비정상적인 유통경로로 유통되는 보이차들이 많이 있다. 이런 차들은 안전하지 않을 수 있다.

정상적인 경로로 유통되는 차는 사업자등록을 한 상점에서 판매하고 있고 수입할 때 식약처에서 검역을 마쳤다는 표시로 붙이는 '한글표시사항'이 있는 차를 가리킨다. 우리나라에 수입되는 모든 식품에는 한글표시사항이 있다. 마트에서 파는 천 원짜리 수입과자에도 반드시 붙어 있다. 보이차도 정식으로 수입됐다면 한글표시사항이 붙어 있어야 한다. 한글표시사항은 이 차를 수입할 때 식약처의 안전성 검사를 통과했고 그 결과 시중 유통을 허락받았다는 것을 의미한다. 안전한 차라는 뜻이다. 앞으로 소비자는 한글표시사항을 확인하고 구입하자.

ⓒ周紅傑

**참고문헌**

사전

〈中國普洱茶百科全書〉, 雲南科技出版社, 2007

〈中國茶葉大辭典〉, 中國輕工業出版社, 2015


도서

〈雲南茶葉進出口公司志〉, 雲南人民出版社, 1993

〈茶葉生物化學〉, 中國農業出版社, 2003

周紅傑, 〈雲南普洱茶〉, 雲南科學技術出版社, 2004

吳覺農, 〈茶經述評〉, 中國農業出版社, 2005

詹英佩, 〈中國普洱茶古六大茶山〉, 雲南出版集團, 2005

鄒家駒, 〈漫話普洱茶〉, 雲南美術出版社, 2005

Alan Macfarlane, Iris Macfarlane, 〈茶葉帝國〉, 社會科學文献出版社, 2006

詹英佩, 〈普洱茶原産地西雙版納〉, 雲南科學技術出版社, 2008

楊凱, 劉燕, 李曉梅, 〈從大清到中茶〉, 雲南出版集團, 2008

〈茶树栽培學〉, 中國農業出版社, 2008

高發倡, 〈古六大茶山史考〉, 雲南美術出版社, 2009

李旭, 〈茶馬古道上的傳奇家族〉, 中華書局, 2009

William Ukers, 儂佳, 劉濤, 姜海蒂, 〈茶葉全書〉, 東方出版社, 2010

吳疆, 〈普洱茶營銷〉, 雲南美術出版社, 2010

楊凱, 〈號級古董茶事典〉, 五星圖書, 2012

龔加順, 周紅傑, 〈雲南普洱茶化學〉, 雲南科技出版社, 2011

周紅傑, 龔加順, 〈普洱茶與微生物〉, 雲南科技出版社, 2012

周重林 李樂駿, 〈茶葉江山〉, 北京大学出版社, 2014

Rose S, 〈茶葉大盜〉, 孟馳 譯, 社會科學文献出版社, 2015

吳疆, 〈七子餅鑑茶實錄〉, 雲南美術出版社, 2016

〈制茶學〉, 中國農業出版社, 2016

楊凱, 〈茶莊 茶人 茶事〉, 雲南出版集團, 2017

喻大華, 〈評說道光皇帝〉, 中國工人出版社, 2017

雷平陽, 〈普洱茶記〉, 重慶大學出版社, 2018


잡지

楊凱, 「熟茶進化論」, 〈普洱〉, 2013년 4월호

# 찾아보기

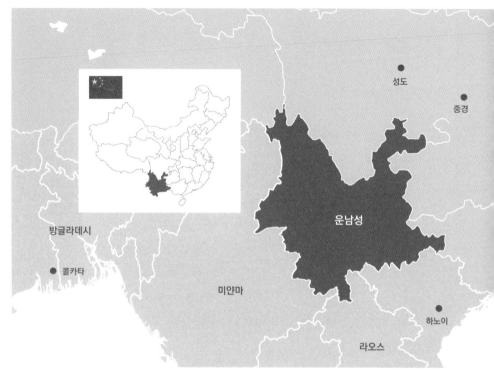

보이차의 고향 운남성 서쌍판납주 주요 차산 지도

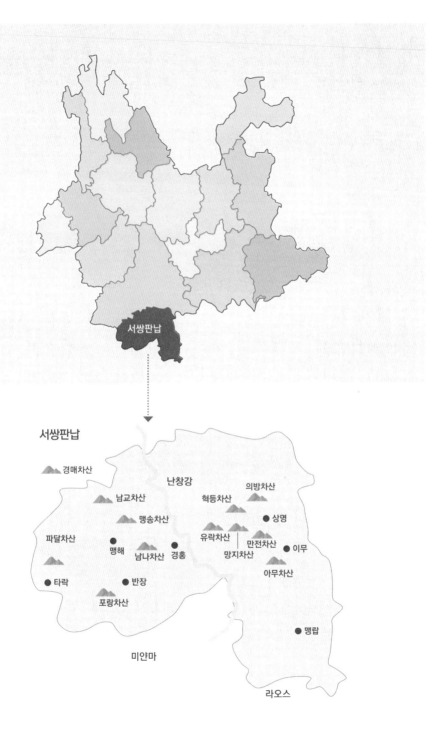

서쌍판납

경매차산

난창강

의방차산

남교차산

혁등차산

맹송차산

상명

파달차산

유락차산

맹해  남나차산  경홍

만전차산

이무

망지차산

타락  반장

아무차산

포랑차산

맹랍

미얀마

라오스

★★★★★

정말 귀한 책이다. 우리의 귀한 시간을 무지하게 아껴줄 책이다.
　　　　　　　　　　　　　　　　　　　　　－ 상해에서, 노성균

산업적인 측면에서 차의 진화과정을 자세하게 설명한다.
　　　　　　　　　　　　　　　　　　　　－ 서울경제, 장선화 기자

보이차 사업을 하는 사람에게는 '교양필수과목'에 해당하는 책이니 꼭 읽
어야 할 것이다.
소비자가 알고 있는 지식을 판매자가 모르면 부끄럽지 않겠는가?
　　　　　　　　　　　　　　　　　　　　－ 차 마시는 남자, 여일

보이차의 역사를 보면서 저자는 '흙수저'로 태어나 고향을 떠난 아이가 낯
선 세계를 주유하다 서리가 내린 머리와 완숙한 얼굴로 고향에 돌아온 모
습을 떠올린다.
　　　　　　　　　　　　　　　　　　　　－ 연합뉴스, 추왕훈 기자

저자는 운남에서 시작된 보이차가 어떻게 중국차의 인기 아이템이 되었는
지 역사적 과정을 살피며 보이차가 중국차의 최전선에 서게 된 이유를 차
근차근 짚어낸다.
　　　　　　　　　　　　　　　　　　　－ 파이낸셜뉴스, 박지현 기자

중국사에서 소외됐던 운남 지역의 이야기를 조곤조곤 들려준다. 운남 지역
사람들이 이 책을 읽어도 될 듯 싶다.
　　　　　　　　　　　　　　　　　　　　－ 미디어 제주, 김형훈 기자

보이차에 대한 오해와 괴이한 문화를 사료와 자료를 기반으로 조목조목
설명하는 게 '꿀잼'이다.
　　　　　　　　　　　　　　　　　　　　　　　　　－ 뚱스

마지막 페이지를 덮을 때쯤 보이차를 주인공으로 한 대하서사활극을 보는
듯했다.
　　　　　　　　　　　　　　　　－ 노동효(여행작가, 남미 히피 로드 저자)